Karl Ernst von Baer

Austern-Bänke an der russischen Ostee-Küste

Karl Ernst von Baer

Austern-Bänke an der russischen Ostee-Küste

ISBN/EAN: 9783742809131

Hergestellt in Europa, USA, Kanada, Australien, Japan

Cover: Foto ©Klaus-Uwe Gerhardt /pixelio.de

Manufactured and distributed by brebook publishing software
(www.brebook.com)

Karl Ernst von Baer

Austern-Bänke an der russischen Ostee-Küste

ÜBER EIN NEUES PROJECT,

AUSTERN-BÄNKE

AN DER RUSSISCHEN OSTSEE-KÜSTE

ANZULEGEN

UND

ÜBER DEN SALZ-GEHALT DER OSTSEE

IN VERSCHIEDENEN GEGENDEN.

VON

K. E. v. Baer.

———

MIT EINER KARTE,

welche den Salz-Gehalt der Ostsee in verschiedenen Gegenden
anzeigt.

———

ST. PETERSBURG.
Buchdruckerei der Kaiserlichen Akademie der Wissenschaften.
1861.

Es ist wieder bei hochgestellten Personen die Proposition gemacht worden, eine Austernzucht bei *Libau* oder an einer andern beliebigen Stelle der Russischen Ostseeküste anzulegen. Dieser Vorschlag beruft sich auf die neuesten Ergebnisse der Unternehmungen des Herrn Coste, die Austern-Bänke an der Küste Frankreichs zu reinigen und neu zu bepflanzen. Um meine Meinung über die Wahrscheinlichkeit des Erfolges befragt, habe ich nicht umhin können, sehr entschieden gegen eine solche Wahrscheinlichkeit mich auszusprechen. Schon um dem Verdachte einer Gleichgültigkeit gegen die Wohlthat, Austern aus der Nähe beziehen zu können und das Geld dafür im Lande zu behalten, zu begegnen, muss ich die Veröffentlichung der Gründe meines Gutachtens wünschen. Eine solche Veröffentlichung könnte aber auch dazu beitragen, dass die Gründe, wenn sie irrig befunden werden, ihre Widerlegung finden, und dass, so lange eine solche Widerlegung ausbleibt, die *Austern-Pflanzer* sich nach Gegenden wenden, die empfänglicher sind als unsre Küsten. Es ist dieselbe Frage über den Erfolg einer Austern-Zucht an unsern Küsten allerdings schon einmal im *Bulletin* der Akademie vor 9 Jahren von unsrem Collegen Hamel beantwortet worden [1]. Allein da unsrem

---

1) Hamel: Über das Project: Austern, wie auch Hummern, Seekrebse, Krabben und Meermuscheln im Finnischen Meerbusen zu ziehen. *Bull. phys.-math.*, T. X, p. 307.

Collegen die sehr speciellen Nachrichten des Natur-
forschers Kröyer über das Vorkommen der Austern
an den Dänischen Küsten nicht bekannt geworden
waren, und die merkwürdigen Nachweise, dass auch
an den Dänischen Küsten die Austern in einer weit
entlegenen Vorzeit der Ostsee näher vorkamen als
jetzt, in der Ostsee selbst aber auch zu jener Zeit
nicht lebten, erst kürzlich von Herrn Steenstrup auf-
gefunden sind, so wird eine neue Erörterung dieser
Frage durchaus nicht überflüssig scheinen. Da überdies neue Analysen des Wassers aus verschiedenen
Gegenden der Ostsee und des Kattegattes vor Kurzem
durch Herrn Prof. Forchhammer publicirt sind, und
Herr Heinrich Struve die Güte gehabt hat, auf meine
Bitte Wasser aus einigen andern Gegenden der Ostsee chemisch zu untersuchen, so kann nicht nur jetzt
eine vollständigere Übersicht des Salz-Gehaltes der
Ostsee gegeben werden als bisher, sondern man hat
in der That erst in dieser bedeutenden Reihe von
Analysen ein genügendes Material für die Kenntniss
der Abnahme des Salzgehaltes in diesem Becken von
Westen nach Osten zu. Auch für andere Zwecke wird
eine solche Übersicht wünschenswerth sein.

1. Geographische Verbreitung der Austern.

Überhaupt soll hier nur von der ächten Auster
(Ostrea edulis) und von dieser Auster im essbaren Zustande die Rede sein. Von der Möglichkeit der Ver-
kümmerung später einige Worte.

Die ächte Auster kommt vor im Mittelländischen
und Atlantischen Meere, so wie in der Nordsee. In der
Nordsee geht sie sehr weit nach Norden. «Die ganze

Norwegische Küste, von der Schwedischen Gränze bis
Helgeland, ist reich an guten Austern • sagt Blom[2]), also
bis über den 60sten Grad nördl. Breite. Lovén scheint
die Auster bis *Tränen*, unter 65½ Grad n. B. beobachtet
zu haben, denn er giebt in seinem *Index Molluscorum*
die Verbreitung von *Bohus-Län* bis *Tränen* an[3]). Sehr
wichtig aber ist für uns zu wissen, wie sie an den
Dänischen Küsten und namentlich im *Skagerak* und
Kattegat vorkommen. Darüber giebt uns der Naturforscher Kröyer, der die Dänischen Austernbänke in.
administrativer Hinsicht bereist hat, die vollständigste
Auskunft in einem besonderen Werkchen[4]). Die zahl-
reichsten Dänischen Austernbänke und zugleich diejenigen, welche die beliebtesten Austern liefern, liegen
auf der Westseite von *Schleswig*, der Küstenstrecke
von *Tondern* und *Husum* gegenüber, zwischen den Inseln *Sylt*, *Amrom*, *Föhr*, *Pelworm*, *Nordstrand* u. s. w.,
wo tiefe Wasserrinnen den flachen Meeresboden durch-
ziehen. Sie gehören der Dänischen Krone und werden
verpachtet. Auf der Westküste von Jütland kommen
allerdings auch Austern vor, aber nicht in reichen
Bänken, wie es scheint; wenigstens wurden sie 1837

2) G. P. Blom. Das Königreich Norwegen statistisch beschrieben, Th I, S. 173.
3) *Öfversigt af K. Vetensk. Akad. förhandlingar*, 1846, p. 164.
4) *De Danske Ostersbanker, et Bidrag til kundskab om Danmarks
Fiskerier. Kjöbenhavn*, 1837, 8. Auszug davon in Wiegmann's Archiv für Naturgeschichte, 1839, S. 358—363; ferner in *Edinb. philo-
soph. journal*, 1840 Juli; in der *Bibliotk. universelle de Genève*, nouv.
série, T. 80 (1840) Dec. und Froriep's Neue Notizen, Bd. XVII,
N⁹ 19. Diese drei letzten Auszüge sind jedoch unter sich dem In-
halte nach gleich und Übersetzungen von einander. Vielfach benutzt ist die Kröyersche Abhandlung auch in Hirzel's Hauslexi-
kon, Artikel Austern. Ich kann leider wegen Unkenntniss der
Dänischen Sprache nur die Auszüge benutzen.

nicht verpachtet und nicht regelmässig ausgebeutet [5]).
Dagegen finden sich an der Ostseite der schmulen
Halbinsel oder Landzunge *Skagen* wieder ausgedehnte
Bänke, von der äussersten Spitze dieser Landzunge
bis *Hirtsholm*, in drei Gruppen oder Hauptbänke ge-
theilt. Sie heissen *Fladstranske banker*. Die letzten
regelmässig ausgebeuteten Bänke sind an der Insel
Läessöe und sollen sich von dieser Insel gegen die Insel *Anholt* hinziehen, ohne, wie es scheint, diese Insel
zu erreichen. Ich finde nämlich in einer ganz neuen
Schrift, welche zwar von einem Schweizer, aber unter Theilnahme und Beihülfe von Kopenhagener Gelehrten abgefasst ist, die Behauptung, dass jetzt die
Austernbänke bei *Läessöe* für Kopenhagen die nächsten benutzten sind [6]). Weiter nach Süden findet man
allerdings auch noch Austern, allein sie sind mehr
vereinzelt und, wie es scheint, von schlechterer Qua-
lität. Selbst die von *Läessöe* werden zwar nach Kopenhagen gebracht und dort als eine geringere Qua-
lität verkauft, an dem Grosshandel scheinen sie aber
nicht merklichen Theil zu nehmen [7]). Dagegen sind
die Austern von der Westküste ein Gegenstand des
Grosshandels nicht nur nach Kopenhagen, sondern
auch in fremde Länder, wo sie nach den Abgangs-
Orten verschiedene Namen erhalten. Bei uns heissen
sie *Flensburger Austern*, weil sie vorzüglich vom Flens-

---

5) In der ersten Hälfte des vorigen Jahrhunderts beschrieb je-
doch ›Pontoppidan‹ die Austernfischerei bei *Rinkjöbing*, auf der
Westküste von Jütland belegen, als sehr wichtig. Pont. *Theatrum
Daniae*, p. 352.

6) Murlot: *Etudes géologico-archéologiques* in *Bulletin de la so-
ciété Vadoise des sciences naturelles*, T. VI.

7) Eine kleine Quantität dieser Austern soll doch auch hierher
kommen, wie mir ein Austernhändler sagen lässt.

burger Hafen hierher gebracht werden. Um aber in
Flensburg verladen zu werden, müssen sie vorher von
der Westküste erst nach *Flensburg* transportirt werden.
Das geht nicht nur aus Kröyer's Darstellung vom
Vorkommen der Austernbänke hervor, sondern ich
habe auch die schriftliche Erklärung eines hiesigen
mit Austern handelnden Kaufmannes vor mir, dass
der Transport zu Lande geschieht. Diese Benennung
der *Flensburger Austern* hat den Antrag-Steller wohl
veranlasst zu glauben, dass bei *Flensburg* selbst, also
im westlichen Theile der Ostsee gute Austern gedeihen, und ihm den menschenfreundlichen Gedanken
eingegeben, sie auch im östlichen Theile dieses Meeres zu ziehen. Dieselben Austern, welche wir *Flensburger* nennen, heissen in Berlin und in Norddeutsch-
land überhaupt *Holsteinische Austern*, wahrscheinlich,
weil es Holsteinische Schiffe sind, die sie für die
Deutschen Märkte abholen. In Kopenhagen scheinen
sie dagegen *Tondernsche Austern*, nach der Stadt
Tondern, zu heissen. Wenigstens nannte sie Pontoppidan[6]) im vorigen Jahrhunderte so. Ob sie noch
denselben Namen führen, weiss ich nicht. Die beste
Sorte dieser Schleswigschen Austern führt in Dänemark und vielleicht auch in der nächsten Umgebung
den Namen der *Deputat-Austern*, was daher kommt,
dass die Austern-Pächter verpflichtet waren (und
wahrscheinlich noch jetzt sind), nicht nur 25 Tonnen
der besten Austern an die königliche Küche, sondern
an 70 Tonnen an höhere Beamte der verschiedenen
Canzleien abzuliefern, und Kröyer berichtet, dass

6) Pontoppidan: Nachrichten die Naturhistorie in Dänemark
betreffend, S. 195.

einem Pächter die Pacht nicht verlängert wurde, weil
er schlechte Deputat-Austern nach Kopenhagen geliefert hatte.

Der Name *Flensburger Austern*, der, indem ich
dieses niederschreibe, schon wieder auf hiesigen An-
kündigungen häufig zu lesen ist, bevor noch das Fahr-
wasser bei Kronstadt offen ist, darf also nicht zu der
Meinung verleiten, dass die Austern, von denen St.
Petersburg, Riga und Reval eine bedeutende Anzahl
in jedem Frühling und Herbste verzehren, in der
Flensburger Bucht gefangen werden. Diese Bucht
liegt bekanntlich im westlichsten Theile der Ostsee.
Kröyer nennt aber gar keine Austernbänke aus der
Ostsee; diejenige Bank, welche von *Læssöe* bis gegen
Anholt sich hinzieht, scheint nach ihm die letzte und
auch diese wird nicht mehr verpachtet.

Wir erhalten bei dieser Gelegenheit noch manche
Belehrung über das Vorkommen und Gedeihen der
Austern durch den leider zu früh verstorbenen Kröyer. Es ist nicht nöthig, dass die Austern an Felsen
sitzen, doch ist ihnen ein fester Boden gedeihlicher
als ein beweglicher und veränderlicher. Auf dem
Sande sind die Austern ganz lose. Selbst wenn der Boden schlammig ist, sollen lose Austern auf ihm vorkommen können, sagen die Auszüge, die ich vor mir habe.
Ich bedaure in Bezug auf diesen Punkt sehr das Original nicht vergleichen zu können, denn ich bezweifle,
dass auf einem schlammigen Boden, der vom Wasser
leicht aufgerührt werden kann, Austern gedeihen, wenn
sie nicht durch besondere Verhältnisse, namentlich
durch Erhöhungen, davor geschützt sind, vom Schlamm
überdeckt zu werden, wenn dieser nach einer heftigen

Bewegung des Wassers sich setzt. Ich habe selbst in einer sehr schlammigen Bucht bei *Muggia*, südlich von Triest, eine Austernzucht gesehen — aber das waren sogenannte Pfahlaustern. Man steckt nämlich hier so wie auch in anderen Seebuchten, wo der Boden ganz weich ist, rohe Stangen oder vielmehr Baumäste in den Boden und bestreicht sie entweder künstlich mit Austern-Laich, oder wartet bis die im Wasser umherschwimmende Brut sich selbst anheftet. Obgleich in solchen Buchten das Wasser zur Zeit eines Sturmes, der in die Bucht hinein weht, sehr trübe werden muss, so gedeihen die Austern am Stocke doch recht gut. Wahrscheinlich schliessen sie die Schaalen während des Sturmes, und wenn sich dieser legt, senken sich auch die stärksten Sedimente und die Auster mag die feinsten schwebenden Thon-Theile ertragen können, wie auch sehr viele Fische. Jedenfalls kann sie nicht vom Sediment überdeckt werden, wie nothwendig geschehen muss, wenn die Auster auf dem Boden-liegt. Der Mangel an Felsen ist an der West-Küste von Schleswig sogar Regel. Der feste Seeboden, der von tieferen Rinnen durchzogen wird, dient den Austern als Lager-Platz; die abhängigen Wände und der Boden dieser Rinnen bildet hier vorzüglich die Austernbänke. Die vorliegenden Inseln verhüten wahrscheinlich durch Brechung der Wogen ein tiefes Aufwühlen des Bodens. An der nicht geschützten Küste von Jütland ist wohl deshalb wenig Gedeihen für die Austern, weil der Boden zu beweglich sein wird. Es zeigt nämlich das gewöhnliche Vorkommen der Austern in anderen Gegenden, dass feste Felswände den natürlichsten Anheftungspunkt

derselben bilden. Die ganz kleine Auster, die eben
ihre Eihülle verlassen hat, ist mit einem klebrigen
Überzuge bekleidet, mit dem sie an festen Kör-
pern hängen bleibt. Deswegen besetzt man künstliche Austernbänke mit Faschinen, Brettern, Pfahl-
werk, Felsstücken oder dergleichen, wie noch neuerlich die Französische Marine bei Anlage der Austern-
Parks auf der Insel *Ré* in der Nähe von *Rochelle* gethan
hat[9]). Auf sehr beweglichem Boden, besonders wo
dieser thonig oder schlammig ist, werden die Austern
ohne solche Hülfsmittel wohl nur gedeihen können,
wenn durch vorliegende Inseln der Meeresboden gegen starkes Aufwühlen gesichert ist.

In Bezug auf die Tiefe, in welcher die Austern
gedeihen, bemerkt Kröyer, dass eine Tiefe von 5
bis 15 Klafter ihnen am meisten zuträglich scheine,
dass sie aber auch der Oberfläche näher vorkommen,
ja selbst an solchen Stellen, welche zuweilen zur Zeit
der Ebbe vom Wasser ganz entblösst sind, wenn nämlich mit der Ebbe Winde eintreten, die den Wasser-
spiegel senken. Indessen sollen so oberflächlich lie-
gende Bänke sehr von kalten Wintern leiden. So
berichtet man, dass auf der Bank von *Hunke* oder
Huntje, östlich von *Sylt*, in dem strengen Winter
1829—1830 nicht weniger als 10,000 Tonnen Austern oder ungefähr 8 Millionen Individuen zu Grunde
gegangen seien. — Nach Kröyer's Erfahrung ist
kein Grund zu der Meinung vorhanden, dass die Austern besonders gut gedeihen, wo Flüsse sich ausmün-
den. Die entgegengesetzte Behauptung wird jedoch

---

9) *Comptes-rendus de l'Académie de Paris, 1861.*

von manchen Gegenden, namentlich von England, nachdrücklich und ziemlich allgemein wiederholt[10]). Sollte die Wahrheit nicht in der Mitte, oder vielmehr in der Vereinigung beider Ansichten liegen. Ohne Zweifel wird ein grösserer Fluss nicht günstig wirken, wo er das Seewasser merklich versüsst, da wir weiter unten ausführlich nachweisen werden, dass ein bedeutender Salzgehalt erfordert wird, damit die Austern gedeihen können. Indessen kann in Gegenden, wo das Seewasser stark gesalzen ist, der Erguss eines kleinen und besonders eines seichten Flüsschens wohl dadurch günstig wirken, dass er der Austernbank fortwährend Nahrung zuführt. Kommt ein solches Flüsschen aus flachen Teichen, so ist die Masse des in solchen Wassern gebildeten und durch den Fluss entführten organischen Stoffes sehr bedeutend. In Italien scheint das mit Flusswasser gemischte Seewasser den Austern besonders gedeiblich zu sein. Selbst in England sind zahlreiche und die vorzüglichsten Bänke an der Seite der Einmündung grosser Flüsse, namentlich der Themse, oder vor der Mündung ganz kleiner. Dass die Austern im Sommer weder unschmackhaft noch ungesund sind, ist ein Ausspruch Kröyer's, der nur den Bewohnern des Binnen-Landes unerwartet war und einigen Zoologen. Man verführt nämlich im Sommer nicht gern Austern in grössere Entfernungen, weil sie zu leicht verderben, also schlecht werden, nicht weil sie schlecht sind. Die Uferbewohner solcher Küsten, wo Austern sich finden, essen sie das ganze Jahr hindurch, z. B. die Pfahl-Austern bei

---

10) Um nur eine ganz neue Schrift zu nennen, verweise ich auf Eyton: *A history of the oysters and the oyster fisheries.*

Triest; wenn ich nicht irre, auch die Italienischen Austern bei Neapel und in ganz Italien. In Frankreich und England speist man sie auch das ganze Jahr hindurch, aber im Sommer nur aus den Parks, weil es verboten ist in den heissen Monaten auf den Bänken zu fischen. An manchen Küsten besteht aber doch dieselbe Meinung von dem schlechten Geschmack und der Schädlichkeit der Austern im Sommer. Sollte diese Meinung sich nicht aus der gelehrten Welt dahin verbreitet haben, oder darauf beruhen, dass nach dem Abgange des Laichs die Auster mager ist?

Dagegen war es ausserhalb Dänemark wohl ziemlich unerwartet zu erfahren, dass die meisten Austernbänke der Dänischen Küsten an Ergiebigkeit abnehmen, und dass Kröyer voraussieht, es werde dieses Schaalthier in nicht allzu ferner Zeit aufhören ein Ausfuhr-Artikel für Dänemark zu sein. Von 53 Bänken, welche die Regierung als Regale behandelt, waren im Jahre 1837 13 schon so unergiebig geworden, dass sie keine Pächter mehr fanden. Die Abnahme der Pachten hatte die Frage veranlasst, ob es nicht besser sei die Austern-Fischerei Jedermann freizugeben, und in Folge dieser Frage war Kröyer zur Untersuchung der Austernbänke abgesendet. Er fand unerwartet geringen Nachwuchs und ist geneigt diesen Umstand einer Vermehrung der Austern-Feinde, welche entweder die jungen Austern verzehren oder die Schaalen der erwachsenen anbohren und dadurch auch dem Thiere Schaden bringen, zuzuschreiben. Es scheint ihm aber auch fraglich, ob das Dänische Gesetz, dass man die leeren Schaalen, die man aufzieht, in das Meer zurück werfen muss, ein nützliches ist. Ohne aus eigener Unter-

suchung ein festes Urtheil sich bilden zu können, kann
man sich der Vermuthung nicht enthalten, dass bei
flachliegenden Bänken eine heftige Bewegung des Wassers diese Schaalen umherwerfen, zerbrechen und zer-
reiben muss, was der Entwickelung der Brut nicht
günstig sein kann. Das Fangen der Austern mit dem
Eisen-Rahmen *(Traal)* muss ohne Zweifel auch viele
junge Brut vernichten. Deswegen hat man auch an
vielen Orten gefunden, dass wenn man Austernbänke,
deren Ergiebigkeit in entschiedener Abnahme begrif-
fen ist, einige Jahre nicht ausbeutet, sie wieder reich
besetzt werden. Jedenfalls kann aber die Masse von
Trümmern und die Zersetzung von Austern, die zerquetscht oder von den Trümmern, Sand oder Lehm
erstickt werden, nicht umhin schädlich zu sein, und
Hrn. Coste's Rath, als gewisse Austernbänke an der
Französischen Küste unergiebig geworden waren, den
Boden vor allen Dingen zu reinigen, war gewiss ein
sehr passender.

2. Bedingungen für die Verbreitung der Austern.

Fragt man sich nun, an welche physische Verhältnisse das Gedeihen der Austern gebunden ist, so
springt vor allen Dingen in die Augen, dass ein nicht
ganz geringer Salz-Gehalt des Meerwassers dazu erfordert wird. Sie werden von keinem Schriftsteller,
so viel mir bekannt ist, als Bewohner der Ostsee genannt, weder von Kröyer in der angeführten Schrift,
noch von Boll, der vor einigen Jahren eine naturhistorische Schilderung der Ostsee geliefert und in
derselben auch die thierischen Bewohner derselben auf-

3

geführt hat[11]), noch von Cattean-Calleville[12]) oder
andern ältern Schriftstellern über die Ostsee, die ich
habe vergleichen können, auch von Pontoppidan in
seiner Naturgeschichte Dänemarks nicht. Nun steht
aber die Ostsee durch drei Meerengen mit dem Kattegat in Verbindung, von denen besonders die mittlere, der grosse Belt, weit genug geöffnet ist. Da die
Auster hermaphroditisch ist, jedes Individuum also
zeugungsfähig wird und eine sehr grosse Menge Eier
hervorbringt, bis zu einer Million und mehr[13]), aus
denen die ausgekrochenen Embryonen, durch den
Wellenschlag verbreitet, sich ansetzen und gedeihen,
wo sie passende Verhältnisse finden, so muss wohl
ein Hinderniss bestehen, welches die Verbreitung bis
in die Ostsee nicht erlaubt hat. Es ist jetzt sogar der
südliche Theil des *Kattegat* ohne Austern, wenigstens
ohne brauchbare, in der nördlichen Hälfte des *Katte-*
gat sind sie schon besser, und diese Bänke werden
ausgebeutet. Jenseit der Spitze *Skagen*, wo das Ver-
bindungsglied des *Kattegat* mit der Nordsee, nämlich
das *Skagerak* beginnt, sind sie noch besser, im nördlichsten Theile von *Bohuslän* (der westlichen Küste
Schwedens), der an das Skagerak stösst, sollen die
Austern schon sehr gut sein. Besser und grösser aber
doch als an der Südküste Norwegens (am Skagerak)
sind sie an der Westküste dieses Landes und Schleswigs, so wie überhaupt in der ganzen Nordsee.

11) Archiv des Vereins der Freunde der Naturgeschichte in Mek-
lenburg. Heft I, S. 89.
12) «Im Kattegat giebt es Austern-Bänke, aber nicht in der Ostsee». *Cattean-Calleville:* Gemälde der Ostsee, übers. von Weyland,
S. 200.
13) Neuerlich noch hat Eyton in einer grossen Auster 1,800,000
Junge berechnet. Eyton: *A history of the oyster.*

Da in umgekehrter Ordnung der Salzgehalt des
Seewassers von der Nordsee durch das *Skayerak* in
das *Kattegat* und innerhalb des letztern von Norden
nach Süden abnimmt, noch mehr in der *Ostsee*, und
zwar um so mehr, je mehr man von den drei Ausmündungen dieses Wasserbeckens sich entfernt, so
dass die letzten Enden des Finnischen wie des Bot-
nischen Meerbusens völlig trinkbares Wasser enthalten, so springt in die Augen, dass mit Abnahme des
Salz-Gehaltes die Austern verkümmern und deshalb
ganz aufhören, bevor sie die Communications-Meeren-
gen erreichen. Die Ostsee erhält nämlich mehr Zufluss von süssem Wasser (durch die grossen und zahlreichen Flüsse Schwedens, das wasserreiche Finnland,
das mächtige *Neva*-Gebiet, die bedeutenden Flüsse
Narowa, Düna, Niemen, Pregel, Weichsel und *Oder*) als
sie durch Verdunstung verliert, die in diesen Breiten
sehr mässig ist. Es muss also vorherrschend das
Ostsee-Wasser in das *Kattegat* abfliessen. Die Ostsee
würde wahrscheinlich völlig süsses Wasser haben, wie
ein Landsee, was sie ihrem Wesen nach auch im
grössten Theile ihres Umfanges ist, wenn nicht in je-
nen drei Ausmündungen das Wasser sich mischte,
häufig auch die Winde und Niveau-Schwankungen das
oberflächliche Wasser aus dem Kattegat durch dieselben in die Ostsee triebe, und ausserdem in der
Tiefe fast beständig eine Unterströmung aus dem Kattegat in die Ostsee ginge [14]), veranlasst durch die grös-

---

14) Eine anhaltende nach S gerichtete Unter-Srömung im Sunde
hatte man schon lange anerkannt. Sie ist später wieder bezweifelt.
Forchhammer hat nicht nur gefunden, dass die Unter-Strömung
fast beständig ist, sondern auch ihren grössern Salz-Gehalt erwiesen.

sere Schwere des salzreichen Wassers. Nach Forchhammers Untersuchungen floss das obere Wasser
vom 17. April bis zum 11. September. an 86 Tagen
aus der Ostsee, an 24 Tagen in dieselbe [15]), und an
24 Tagen war keine Strömung bemerklich.

Wir werden sogleich die speciellen Nachweisungen
von der Abnahme des Salz-Gehaltes von der Nordsee
bis zum östlichsten Theile der Ostsee geben, und bemerken nur noch, dass die andern Bedingungen zum
Gedeihen der Austern in der Ostsee, überhaupt genommen, nicht fehlen können. Felsige Küsten bieten
Schweden und Finland mit den·Ålandsinseln in gröss-
ter Mannigfaltigkeit. Sie fehlen auch in andern Gegenden nicht. An Nahrung würde es wenigstens im
westlichen Theile der Ostsee auch nicht fehlen. In
Bezug auf die Temperatur wäre die Kieler Bucht
wohl mehr begünstigt als die Buchten Norwegens,
wenn nicht in seltenen Fällen auch der westliche Theil
der Ostsee sich weit hin mit Eis bedeckte. Das würde
aber wohl nicht geschehen, wenn nicht der geringe
Salz-Gehalt das Gefrieren sehr begünstigte. Jedenfalls kommen wir also wieder auf den Salz-Gehalt zurück als wesentlichste Bedingung, welche der Verbreitung der Austern Gränzen setzt. Das Fehlen derselben im südlichen Theile des Kattegat scheint es
ausser Zweifel zu setzen, dass es der abnehmende Salz-
Gehalt ist, der die weitere Verbreitung dieser Schaalthiere hindert, denn das einströmende Wasser der
Ostsee mindert den Salz-Gehalt in der Nähe der drei
Meerengen. An der Nordküste von Seeland hat man

---

15) Oversigt over det K. d. Vidensk. Selsk. Forhandl. 1858, p. 62.

im vorigen Jahrhunderte anhaltend versucht Austern zu pflanzen, aber ohne Erfolg [16]). Um so auffallender ist es, dass in einer entfernten Vergangenheit gute Austern bis an die Nordküste von Seeland und Fünen vorkamen, und häufig waren. Davon später.

3. Salz-Gehalt des Mittelländischen und des Atlantischen Meeres, der Nordsee, des Skagerak und des Kattegat.

Um zu finden, welcher Salz-Gehalt des Seewassers für die Austern nothwendig ist, um zu bestehen, und bei welchem sie am besten gedeihen, können wir jetzt glücklicher Weise die Resultate der zahlreichen und umsichtigen Forschungen Forchhammers aus den betreffenden Meeren geben [17]). Leider ist das wichtige Werk nur denen ganz zugänglich, die der Dänischen Sprache mächtig sind, da eine Übersetzung in eine mehr verbreitete Sprache bis jetzt zu fehlen scheint.

Das Mittelländische Meer ist unter allen, welche die essbare Auster ernähren, das salzreichste, und es steht in dieser Beziehung überhaupt nur dem Rothen Meere, das gar keine namhaften Flüsse aufnimmt, nach. In diesem letztern hat man 39 bis 40 und bei *Suez* sogar 41 Theile Salz in 1000 Theilen Wasser gefunden [18]).

Im Mittelländischen Meere wollen einige ältere

16) Pontoppidan: Kurzgefasste Nachrichten, die Naturhistorie in Dänemark betreffend, S. 195, Anmerk. 12.

17) *Om Sövandets Bestanddele og deres Fordeling i Havet af G. Forchhammer. Kjöbnhavn* 1859. 4.

18) Maury: Die physische Geographie des Meeres, S. 118 nach Bd. IX einer Zeitschrift (*Transactions?*) der geograph. Gesellschaft in Bombay.

Beobachter stellenweise auch einen Salzgehalt von
40 *pro mille* gefunden haben. Ohne die Richtigkeit
dieser Angaben prüfen zu wollen, bleiben wir bei den
Untersuchungen von Forchhammer stehen. Leider
finden sich hier nur drei Analysen vom Wasser aus
dem Becken des Mittelmeeres vor, und von diesen
glaube ich die aus dem Canale von *Corfu* auslassen
zu müssen, da sie einen so schwachen Salz-Gehalt
(weniger als 30 *pro mille*) nachweist, dass man nothwendig eine Beimischung von süssem Wasser annehmen muss. Die beiden andern Portionen Seewasser,
aus dem grossen Becken dieses Meeres gaben, aus der
Mitte der westlichen Hälfte 37,655, und bei *Malta*
37,177. Nach dem Mittel von beiden wäre also der
Salzgehalt des Mittelländischen Meeres 37,416, oder
nicht ganz 37½ *pro mille*. Eine Analyse des Meerwassers bei *Cette* von Usiglio, die Herr Heinrich
Struve mir gefälligst mittheilt, giebt auch einen Salz-
Gehalt von 37,655, genau wie die Forchhammer-
sche aus dem westlichen Becken dieses Meeres. Nimmt
man diese Analyse mit auf, um die Mittelzahl zu finden, so erhält man mehr als 37½ *pro mille*.

Aus dem Atlantischen Meere hat Forchhammer
sehr viele Wasser-Proben untersucht. Aus diesen
Analysen geht hervor, dass das Atlantische Meer vom
Äquator bis zu dem 30. Grade nördlicher Breite
durchschnittlich 36,169, von 30° nördl. Breite bis zu
einer Linie, die man von der Nordspitze Schottlands
bis zur Nordspitze von *Neufoundland* sich denkt,
durchschnittlich 35,946, und von der bezeichneten
Linie bis zur Süd-Spitze von Grönland 35,356 *pro
mille* Salz-Gehalt besitzt.

Die Analysen aus der Nordsee hat Herr Professor Forchhammer mit denen aus dem *Skagerak* verbunden. Trennen wir sie, so springt es in die Augen, wie in dem letzteren der Salz-Gehalt schon merklich abnimmt, vor allen Dingen aber mehr schwankt als im Mittel-Becken der Nordsee.

Aus der Nordsee finden wir auf der Karte ⎫	34,383
notirt, westlich von Belgien und den ⎬	34,944
Niederlanden, also gegen den Kanal hin ⎭	35,041
Zwischen *Stavanger* und den *Orkney*-Inseln	34,302
Westlich von *Egersund* (in der Nähe des Skagerak)	33,294
Bei Helgoland (unter Einfluss der Elbe und Weser)......................	30,530
Im Mittel also	33,749

In der Mitte des Beckens ist überall mehr als 34 *p. mille*.

Aus dem *Skagerak* finde ich 3 Analysen bei Forchhammer:

Eine vom Eingange, 11 Meilen westlich von *Hantsholm's* Feuer................	31,095
Eine aus der Mitte des *Skagerak*, der Norwegischen Küste genähert, 58° n. Br. u. 9° 30′ östl. L. von *Greenwich* (27° 10′ unserer Karte)	34,533
Eine zwischen *Skagen* und *Hirtsholm*, also vom Übergang in das *Kattegat*........	32,674
Im Mittel	32,756

Auffallen könnte es, dass in der Mitte ein merklich grösserer Salz-Gehalt gefunden ist, als im Ausgange und Eingange. Allein wir sind hier schon in den Bereich der Wasserbecken gekommen, in denen auffallende Schwankungen des Salz-Gehaltes sich finden, die davon abhängen, ob der Zufluss des Ostsee-Wassers eine Zeit lang vermindert oder vermehrt war. Im *Kattegat* sind die Schwankungen noch grösser. So wird man in den nachfolgenden Angaben, die ich ebenfalls aus Forchhammers Schrift nehme, für die Gegend nördlich vom Vorgebirge *Kullen*, zwei Notirungen finden, die um 6 *p. m.* verschieden sind. Im Allgemeinen ist aber eine sehr rasche Abnahme des Salzgehaltes im Kattegatt unverkennbar. Bestimmter noch als die Analysen, in welchen seltene Ausnahmen vorkommen können, zeigt sich diese Veränderung des Salzgehaltes in der Flora und Fauna des Meeres. Das Vorgebirge *Kullen*, das von der Westküste Schwedens, einige Meilen nördlich vom Sunde vortritt, bildet eine sehr merkliche Gränze für beide Reiche. See-Pflanzen und Thiere, die empfindlicher gegen die Abnahme des Salzgehaltes sind, zeigen sich nicht südlich von *Kullen*.

Am Eingange zwischen *Skagen* und *Hirtsholm* (die oben schon angeführte Analyse)...................... 32,674 *p. m.*
Im *Kattegat* ohne genauere Angabe der Localität 19,940
Nördlich von *Anholt* 17,355
Nördlich von *Kullen* 17,254
— — 11,341
Im Sunde bei *Helsingör* ist grosse Schwankung des Salzgehaltes in den obern Schichten .... von 8,010
bis 23,774

in der untern Strömung .... von 8,911 *p. m.*
bis 23,309.

Eine Mittelzahl aus diesen Bestimmungen zu ziehen, würde ganz unpassend sein, denn man wüsste nicht, für welche Gegend sie Gültigkeit haben sollte. Man müsste vielmehr für jede Gegend eine Mittelzahl suchen, wenn eine hinlängliche Zahl von Beobachtungen vorläge. Besonders bedauerlich ist für unsern Zweck, dass gar keine Beobachtungen aus der Gegend von *Läessöe*, der letzten regelmässig ausgebeuteten Austern-Bank, vorliegen. Eben so bedaure ich, dass ich nicht genauer angegeben finde, wie sich die Austern an der Westküste von Schweden verhalten. Dass im nördlichsten Winkel von *Bohus-Län*, wo diese Provinz an Norwegen anstösst, gute Austern vorkommen, wird bestimmt gesagt, wo und wie sie aber gegen den Sund hin verkümmern oder ganz verschwinden, mag in speciellen Localnachrichten bemerkt sein, die ich nicht aufzufinden weiss. Es ist merkwürdig, wie wortkarg besonders die frühern Schriftsteller in Bezug auf die Verbreitungs-Bezirke waren. Linné sagt in der *Fauna Svecica* nur, dass die essbare Auster an der Westküste von Schweden sich finde und O. F. Müller nennt in seiner *Fauna Dania* sogar nur das Thier, obgleich der Bezirk seiner Fauna von der Eider bis zur nördlichsten Kolonie von Grönland reicht.

3. Nähere Bestimmung des Salz-Gehaltes im Seewasser, das für das Gedeihen der Austern erforderlich ist.

Dennoch kann man aus den mitgetheilten Angaben vom Salzgehalt des Meeres und einigen andern, die

4

wir gelegentlich beibringen werden, schliessen, dass die gewöhnliche Auster nicht mehr gut gedeihen kann, wenn der Salz-Gehalz des Meeres bedeutend unter 2 *p. c.* oder 20 *pro mille* sinkt. Die äusserste Gränze, welche die Austern noch vertragen können, scheint um 17 *pro mille* zu liegen. Man findet sie nämlich noch an der Südküste der *Krym*, im Busen von Sewastopol und an andern Stellen. Es sollen auch sonst noch Austern hie und da an der Nordküste des Pontus vorkommen. Nach Goebels-Untersuchungen enthält dies Wasser in der Nähe von der Südküste der Krym (bei *Feodosia* ausserhalb der Quarantaine geschöpft) 17,66 *pro mille* Salz [19]). In einer Wasserprobe, die viel südlicher, 50 Engl. Meilen nördl. vom *Bosporus* geschöpft war, fand Forchhammer 18,46. Aus dem Asowschen Meere, das noch bedeutend weniger gesalzen ist als das Schwarze, sind keine Austern bekannt. Auch die Krymischen sind nur klein, besonders aber bei *Feodosia* [20]), dünnschalig, flach und nicht rundlich, sondern dreieckig, wobei das Schloss an der einen Ecke sitzt und seitlich etwas vorgezogen ist. Man hat sie daher auch wohl als eigene Art betrachtet, und da Lamarck die Lagunen-Austern *Venedigs* unter dem Namen *Ostrea Adriatica* mit der Diagnose: *testa oblique ovato-subrostrata, exalbida, superne plana; membranis appressis, intus uni latere denticulata* als besondere Art aufstellt, so hat man auch die Krymische *Ostrea Adriatica* benennen zu müssen geglaubt. Die

---

19) Göbel's Reise in die Steppen des südlichen Russlands, II., Seite 90.

20) Pallas, der die Austern aus verschiedenen Gegenden der Krym vergleichen konnte, bezeichnet die von *Feodosia* als besonders klein.

Lamarckische Diagnose passt auch sehr gut. Indessen
findet sich die in dieser Diagnose erwähnte Reihe
Spitzen (*dentes*) häufig auch bei der Auster der Schleswigschen Bänke und wahrscheinlich auch bei andern,
die zu vergleichen ich nicht Gelegenheit habe, und
zwar bald auf der einen, bald auf der andern Seite
und nicht selten auf beiden Diese Spitzen können
also keinen Unterschied begründen. Die Form aber
ist in den gewöhnlichen Austern so wechselnd, dass
man auf die dreieckige Gestalt nicht füglich eine eigene Art gründen kann. Die Krymische Auster möchte
vielmehr als eine verkümmerte Form zu betrachten
sein. Dieser Ansicht scheinen jetzt auch die meisten
Zoologen zugethan.

Dass der Salzgehalt des Wassers an der Südküste
der Krym der Gränze des Bedarfs der Austern nahe
sein muss, scheint auch aus Versuchen hervorzugehen, welche Lechevrel, ein Arzt in *Havre*, im
Jahre 1816 anstellte. Er war Mitglied einer Com-
mission, welche untersuchen sollte, warum eine Quantität Austern, die aus einem Park bei *Havre* gekommen waren, sehr verderbliche Wirkungen bei den
Consumenten in Paris verursacht hatte. Er wollte
deswegen versuchen, unter welchen Verhältnissen die
Austern am längsten sich lebend erhalten und unter
welchen sie am schnellsten absterben. In ganz rei-
nem Flusswasser starben alle (2 Dutzend) in den ersten 24 Stunden. Wenn er Seewasser und süsses
Wasser zu gleichen Theilen mischte, und Austern in
die Mischung legte, so waren von diesen (auch 2
Dutzend) die letzten früher abgestorben, als in drei
andern Versuchen, in denen er die Austern auf ver-

schiedene Bodenarten ohne alles Wasser gelegt hatte.
Das süsse Wasser scheint also geradezu schädlich gewirkt zu haben. Von dem Wasser bei *Havre* theilt
mir H. Struve eine chemische Analyse von Riegel
mit, die einen Salzgehalt von 31,525 *p. m.*, also
merklich weniger als der allgemeine Gehalt des Atlantischen Meeres, ergab, was ohne Zweifel dem Zufluss
aus der Seine zuzuschreiben ist [21]). Hatte Lechevrel
von diesem Wasser genommen und eben so viel rei-
nes Wasser dazu gethan, so hatte sein Gemisch noch
nicht 16 *p. m.* Die Abwesenheit alles Wassers war,
wie gesagt, weniger schädlich als der 'Zutritt dieses
Wassers [22]). Auch ist es bekannt, dass wenn in einen
Austern-Park in Folge eines heftigen Regengusses
viel süsses Wasser einströmt, die Austern darin absterben, wenn man nicht schleunig Seewasser einströmen lässt. Die entgegengesetzte Gränze, wo der
Salzgehalt zu gross wird, lässt sich weniger bestim-
men, da nicht bemerkt wird, ob irgend wo im Mittel-
meer die Austern wegen zu grossen Salzgehaltes nicht
mehr vorkommen. Nach Philippi findet sich *Ostrea
edulis* gar nicht lebend an den Küsten von Sicilien
und Neapel, sondern nur andere Arten derselben Gat-
tung [23]). Wir stossen hier auf die kitzliche Frage, durch
welche Kennzeichen eine Art, und besonders eine von
wechselnder Form, wie die Auster, bestimmt wird.
Wir können daher nicht umhin, in den Austern Sici-
liens nur Varietäten zu vermuthen, erzeugt durch
den starken Salzgehalt des Meeres.

21) Liebig's Jahresbericht, 1851, S. 660.
22) Pasquier: *Essai médical sur les huîtres*, p. 61.
23) Philippi: *Fauna mollusc. utriusque Siciliae.*

Dagegen scheint es aus einer Menge einzelner Angaben hervorzugehen, dass ein so bedeutender Salz-
gehalt dem Wohlgeschmacke der Austern schadet. Man
findet sie zu fest, zu hart sagen die Feinschmecker.
In Italien unterscheidet man allgemein die Austern
aus Lagunen (*ostriche di laguna*) und Austern aus dem
offenen Meere (*ostriche di mare*). Die erstern sind die
mehr gesuchten. Lagunen sind überhaupt flache See-
buchten, mit mehr oder weniger Zufluss von süssem
Wasser. Die besten Lagunen-Austern hat *Venedig*,
besonders im Becken des Arsenals. Allein diese be-
rühmten Arsenal-Austern sollen an Zahl und Güte
abgenommen haben, seitdem die Franzosen diesem
Becken einen zweiten Ausgang gegeben haben, wo-
durch das Seewasser mehr Zu- und Durchgang hat.
Zu den Lagunen-Austern gehören auch die des *Mare
morto*, eines kleinen flachen Beckens mit einigem Zufluss von süssem Wasser, westlich von *Neapel*. Es ist
der berühmte *Lacus Lucrinus* der Römer. Ganz ähnlich
ist der *Mare piccolo* bei *Tarent*. Auch die Austern
von *Brindisi* waren schon bei den Alten berühmt. Hier
ist auch ein enger Busen. Ich sehe auf meiner Karte
zwar kein Flüsschen in dasselbe münden, doch werden speciellere es vielleicht nachweisen [24]). Die Austern
von *Fusaro*, wo man solche hält, die man aus dem Meere
dahin gebracht hat, werden auch wohl eines gemilderten Wassers sich erfreuen. — Auch an den
Küsten des Atlantischen Meeres und der Nordsee finden sich die beliebtesten Austern an Stellen, wo der
Salzgehalt des Meerwassers entweder durch einen

---

24) **Martens**: Italien, II, S. 441.

grössern Fluss, der ins offene Meer geht, oder durch
kleine Flüsse, die sich in eine Bucht ergiessen, ge-
mildert wird, so die Austern von *Havre*, im *Cancale-*
Busen, bei der Insel *Ré*, bei *Rochelle*, au den Küsten
der Grafschaft *Kent*, im Bereich des Themse-Wassers,
bei *Colchester*, *Ostende*. Dass in dem gemilderten Wasser die Austern selbst sich besser befinden, soll damit
nicht behauptet werden. Die Austern an der West-Küste
von *Norwegen*, wo so wenig Zufluss von süssem Wasser
ist, werden als besonders gross beschrieben, finden
also sehr gutes Gedeihen, aber sie müssen keinen
Ruf bei den Gastronomen erhalten haben, da sie im
Gross-Handel keine Rolle spielen. — Die spätern
Römer, die der Gastronomie so sehr huldigten, dass
eine Missachtung derselben als Mangel an Urbanität
galt, holten sich die Austern aus den verschiedensten
Weltgegenden und setzten sie in die *Lucrinische* Bucht,
die damals wohl weniger ausgefüllt war als jetzt, oder in
andere künstlich ausgegrabene Behälter, deren es in der
spätern Zeit viele gab. An und für sich aber galten
die Britannischen Austern für sehr gut. Plinius erklärt aber die Circacischen für die besten [25]). Andere
scheinen sie von anderen Gegenden vorgezogen zu
haben und Juvenal versichert, dass ein Feinschmecker
auf den ersten Biss erkennen konnte, von wo die Austern kamen [26]). Lassen wir die vielen Äusserungen
der Alten über die Feinschmeckerei und Schlemmerei
in Bezug auf die Austern ganz bei Seite, so bleibt
immer beachtungswerth, dass Plinius, der sich
auf solche Dinge verstand, die Austern aus der offe-

---

25) Plin. XXXI, 21.
26) Juv. *sat.* 4.

nen See für klein und schlecht erklärt, und für gute
Austern den Zufluss von süssem Wasser für nöthig ·
hält. Man könnte aus allen diesen Daten schliessen,
dass ein mässiger Salzgehalt von 30 bis 20 *p. m.* für
wohlschmeckende Austern am zuträglichsten ist. Das
Meerwasser der Lagunen hat nach Calamai auch
nur einen Salzgehalt von 29,11 *p. m.*[27]).
Zu berücksichtigen bleibt allerdings auch, dass in
solchen flachen Becken die mikroskopischen Pflanzen und Thiere sich rascher vermehren, also ein
reichlicher Nahrungsstoff sich bildet, besonders wenn
ein Zufluss von süssem Wasser besteht. Darauf beruht auch die Erziehung der grünen Austern, welche
unter den Franzosen so viele Liebhaber finden. Um
diese zu erhalten, werden die Austern-Parks mit einer geringen Schicht Seewasser bedeckt, in welchem
zur warmen Zeit grüne mikroskopische Infusorien,
Diatomaceen, sich rasch vermehren und den Austern
reichliche Nahrung gewähren, die von derselben selbst
sich grün färben. Damit diese Infusorien sich nicht
ins Meer zerstreuen können, lässt man diesem nur
selten Zutritt zu solchen Parks.
Die Austern, welche die Römer in ihre Bassins
setzten, genossen also nicht allein eines gemilderten
Seewassers, sondern wahrscheinlich auch einer reich-
lichern Nahrung.
Recapitulirt man den Inhalt dieses Abschnittes,
dass die Austern von der einen Seite bei dem vollen
Salzgehalte des Mittelländischen Meeres (über 37
p. m.) zu leiden scheinen und klein bleiben, bei einem

27) Journ. für pr. Chemie Bd. 45, S. 235.

gemässigten Meerwasser von 30—20 *p. m.*, wenn
auch nicht am grössten, doch am wohlschmeckendsten
und, wie man sagt, am fettesten sind, zwischen 18 und
17 *p. m.* aber verkümmern und unter 16 *p. m.* vielleicht nicht bestehen können[28]), so sollte man kaum
denken, dass eine Veränderung in dem Verbreitungs-
Bezirke derselben seit dem Bestehen des Menschengeschlechts nachgewiesen werden könnte. Doch ist
dem wirklich so; es ist kein Zweifel, dass einst die
Austern und zwar gute unverkümmerte Austern der
Ostsee näher kamen als jetzt. Wir müssen die Beweise
dafür näher ins Auge fassen, weil sie uns noch auf
eine andere Bedingung für die Existenz der Austern
aufmerksam machen.

4. Verbreitung der Austern im Kattegat zur Zeit
. der ersten Bewohner des Landes.

Diese in einer weit entlegenen Vergangenheit, aber
doch noch zu einer Zeit, in welcher Dänemark schon
von Menschen bewohnt war, gute Austern weiter
gegen die Ostsee hin verbreitet waren, hat man
erst vor wenigen Jahren durch antiquarische Forschungen, denen die Zoologie die Leuchte vortrug,
erfahren.

Man kannte seit längerer Zeit schon auf den Küsten Jütlands und der grössern Dänischen Inseln
Haufen von Seemuscheln, die man für ausgeworfen

---

28) Ich habe oben bemerkt, dass bei einem künstlichen Versuche, in
welchem das Wasser weniger als 16 p. m. Salz enthielt, die Austern
schnell abstarben. Ich will aber nicht unbemerkt lassen, dass einige
Austern-Züchter behaupten, wenn man ganz allmählich fortschreite,
könne man die Austern an geringeren Salz-Gehalt des Wassers gewöhnen. Die Ostsee spricht nicht für diese Meinung.

durch hohen Seegang annahm. Eine nähere sehr gründliche Untersuchung durch die Herren Steenstrup, Forchhammer und Worsaae angestellt, haben zu ganz andern Resultaten geführt. Der Umstand, dass es nur wenige und zwar essbare Arten von Muscheln sind, deren Schaalen sich hier in grosser Zahl von erwachsenen Individuen, fast ohne Beimischung von junger Brut vorfinden, musste Bedenken erregen. Da bei näherer Untersuchung aber unter den Schaalen auch Knochen von inländischen Landthieren sich fanden, und da diese Knochen an den Enden benagt, solche, die eine Markhöhle enthalten, aber der Länge nach aufgespalten waren, so blieb kein Zweifel mehr, dass man hier die Reste von alten Mahlzeiten vor sich habe. Steenstrup nannte sie daher *Kjoekkenmoeddinger*, Küchenabfälle oder Küchenkehrigt. Im Deutchen würde der Ausdruck *Küchen-Reste* für diese Denkmale der Vorzeit, die für die Geschichte der Menschheit eine grosse Wichtigkeit erlangt haben, vielleicht am passendsten sein. Diese Küchen-Reste sind als Denkmale anhaltenden Aufenthaltes oder sehr häufiger Wiederkehr von einer Anzahl Menschen zu betrachten, da einige von ihnen bis 10 Fuss Höhe und über 1000 Fuss Länge, bei 100—200 Fuss Breite haben. Die meisten freilich sind bedeutend kleiner. Ausser den Schaalen von Austern (*Ostrea edulis*), die den Haupt-Bestandtheil bilden, und andern Muscheln und Schnecken, die noch jetzt gegessen werden, *Cardium edule*, *Mytilus edulis*, *Littorina littorea*, kommen seltener die Schaalen von *Venus palustra*, *Buccinum reticulatum* und *undatum* in diesen Küchen-Resten vor. Von Säugethieren sind die Knochen vom Hirsch, Reh und Schwein häufig, von einer Ochsen-Art, dem Biber und einer Robbe, dem Wolf, Fuchs, Luchs, Marder, der Katze und Fischotter seltener. Ausserdem finden sich viele Fischknochen und einige von Vögeln vor, unter denen aber das Huhn fehlt. Am wichtigsten für uns ist der Umstand, dass man in diesen Küchen-Resten grobgearbeitetes Thongeschirr, sehr einfache Stein-Werkzeuge und bearbeitete Knochen, aber gar keine Arbeiten von Metall gefunden hat. Daraus muss man schliessen, dass diese Küchen-Reste zu einer Zeit angehäuft wurden, in der man entweder überhaupt nicht, oder wenigstens in diesen Gegenden nicht den Gebrauch der Metalle kannte. Sie gehören der sogenannten Stein-Periode der Menschheit an.

Dieser Umstand lehrt uns, dass in einer fernen Vergangenheit, die freilich nicht genau bestimmt werden kann, aber sicher über 2000 Jahr reichen muss, gute Austern-Bänke der Ostsee bedeutend näher kamen als jetzt. Ich spreche diese Zahl nur aus als die möglichst geringe, weil Caesar, so weit er auch kam, Metall-Arbeiten schon in langem und sehr verbreitetem Gebrauche fand. Dänemark wurde zwar von den Römischen Heeren nicht erreicht, aber einige Kenntniss von der Cimbrischen Halbinsel war doch nach Rom gedrungen, und es ist nicht glaublich, dass vom Süden nicht Metallarbeiten bis dahin sollten vorgedrungen gewesen sein. Ja es scheint aus andern Gründen, dass schon die vorhistorische, jedenfalls lange vor Caesar erfolgte Einwanderung der Kelten in Europa die Kunst, Metalle zu bearbeiten, mitbrachte. Es könnten daher wohl seit der Zeit, in welcher diese

Küchen-Reste aufgehäuft wurden, drei, vier oder noch mehr Jahrtausende verflossen sein.

Die Fundorte dieser Küchen-Reste sind für unsre Zwecke wichtig, da es sich nicht annehmen lässt, dass jene Menschen, die auf der ersten Stufe der Cultur standen, die Schaalthiere aus weiter Ferne herbeischleppten. Man hat sie auf der Nordküste von Seeland, besonders um den *Isefjord*, auf den Inseln *Fünen*, *Samsöe* und *Romsöe* gefunden, ferner an den Küsten von *Jütland*, namentlich am *Horsensfjord* (Samsöe gegenüber), am *Kolindsund*, am *Randersfjord*, *Mariagerfjord* und am *Liimfjord*. Dass man sie vorherrschend an Buchten und besonders an engen Einbuchten (*Fjorden*) findet, nicht aber an offenen Küsten, lässt vermuthen, dass sie hier vom Meere weggespült sind, wie denn überhaupt die graden Küsten Dänemarks noch jetzt vom Meere benagt werden. Es ist also höchst wahrscheinlich, dass die Zahl dieser Küchen-Reste sehr viel grösser gewesen ist, und dass nur diejenigen sich erhalten haben, auf welche die zerstörende Kraft des Meeres weniger wirken konnte[29]).

Wo man diese Haufen etwas entfernt von dem

---

29) Leider stosse ich hier so oft auf die Schwierigkeiten, welche die Polyglottie unsrer Literatur hervorbringt. Der Dänischen Sprache nicht mächtig, muss ich mich besonders auf Morlots: *Etudes geologico-archéologiques* verlassen. In diesem wird die Insel *Möen* genannt. In dem speciellen Berichte *Oeversigt af k. d. Videns. förh.* 1864, p. 192 werden aber von dem Funde bei *Möen* nur Muschel-Schaalen aber nicht Auster-Schaalen genannt. Ich glaube in Dänemark von competenten Personen gehört zu haben, dass die Austern auch damals nicht bis in die Ostsee reichten. Sind auf *Möen* nicht Austern, sondern nur andere Muscheln gefunden, so gehen die Beweise von dem ehemaligen Vorkommen der Austern grade bis an die drei Ausgänge der Ostsee. *Romsöe* liegt mitten im grossen *Belt* und ist der südlichste Punct.

jetzigen Meeres-Ufer findet, da ist es deutlich, dass
das Land durch Anspülungen entweder aus Flüssen
oder aus dem Meere — in den *Fjorden* nämlich —
zugenommen hat. Tiefer im Innern des Landes kommen sie aber gar nicht vor. Es ist also auch nicht
daran zu denken, dass die Austern etwa von der
Westseite herübergebracht sein könnten. Sicher fing
man diese Thiere in der nächsten Nähe. In manchen
Gegenden, namentlich an der Nordküste von Seeland,
findet man auch noch die alten Bänke, wahrscheinlich
auch an andern, worüber ich aber keine besondern
Anzeigen vorfinde. Von diesen Austern der Küchen-
Reste sah ich eine bedeutende Anzahl im antiquari-
schen Museum zu Kopenhagen. Sie sind keinesweges
dürftig zu nennen, sondern völlig ausgebildet und von
mittlerer Grösse.

Austern lebten also damals im ganzen Kattegat,
bis an die Ausgänge der Ostsee, ja wenn es richtig
wäre, dass man auch auf *Möen* dieselben Reste gefunden hat, sogar noch jenseits des grossen Belts;
indessen werden bei *Möen* nur Muscheln, nicht ausdrücklich Austern genannt.

Eine Veränderung muss hervorgegangen sein; aber
welche? ist schwer zu entscheiden.

Dass die Austern selbst ihre Natur so weit verändert hätten, um andere Lebensbedürfnisse für ihr Bestehen zu haben als vor einigen Jahrtausenden, wäre
eine Vermuthung, die sich durch nichts begründen
liesse.

Es bleibt daher nichts übrig als eine Veränderung
des Wohngebiets dieser Schaalthiere anzunehmen.

Da tritt denn zuvörderst die Frage uns entgegen:

Hat nicht der Salzgehalt im südlichen Theil des Kattegat seit Ankunft der ersten Menschen sich wesentlich verändert? Ohne Zweifel ist das Baltische Meer als ein Landsee zu betrachten, der mehr Zufluss von Wasser erhält, als er durch Verdunstung verliert, der also steigen musste bis er irgend wo einen Durchbruch in das allgemeine Meer sich bewirkte. Allein ein Durchbruch dieser Art musste ziemlich bald, nachdem das umgebende Land aus den allgemeinen Fluthen sich erhoben hatte, sich gebildet haben. Es ist schwer glaublich, dass vor dem Durchbruche Menschen hier schon angesiedelt waren und viele Generationen hindurch lebten, wofür die zahlreichen Küchen-Reste Zeugniss geben, und wobei die viel zahlreichern vom Meere zerstörten in Anschlag gebracht werden müssen. Boll berechnet, dass, wenn man das Ostsee-Becken als gefüllt annimmt, der fortgehende Zufluss den es erhält, in 16 Jahren hinreichen würde, die Dänische Küstenlinie, die nur 50 Fuss mittlere Höhe hat, zu durchbrechen [80]). Diese Berechnung ist offenbar ganz unsicher, da man weder die Quantität des zufliessenden Wassers, noch der Verdunstung kennt, bei einer hemmenden Barrière es auch nicht auf die mittlere, sondern auf die geringste Höhe ankommt. Allein es ist auch gleichgültig, ob 16 oder 160 Jahre dazu erforderlich wären. Der Augenschein lehrt, dass der Zeitraum nur ein kurzer sein konnte, und darin liegt die Unwahrscheinlichkeit, dass Menschen vor dem ersten Durchbruche hier angesiedelt waren.

---

80) Archiv des Vereins der Freunde der Naturgeschichte in Mecklenburg. Heft 1, S. 36.

Allein es wäre möglich, dass das Baltische Becken
früher einen andern Erguss gehabt hätte als jetzt.
Auffallend genug ist es, dass die ältesten histori-
schen Nachrichten, die wir von der Cimbrischen
Halbinsel haben, von einer grossen Fluth sprechen.
Diese Nachrichten sind freilich sehr dunkel und un-
bestimmt und es ist nicht richtig, dass diese Fluth
Veranlassung zu der Wanderung derjenigen Cimbern
gab, welche von Marius im Jahre 101 v. Chr. be-
siegt wurden, wie Florus 2 Jahrhundert später
meint. Entweder erfolgte damals ein neuer Angriff
des Meeres auf das Land, oder Florus hat mit Un-
recht die ältern Nachrichten auf diese Wanderung
bezogen. Strabo nämlich berichtet, dass schon Ephorus, der zur Zeit Alexanders des Grossen lebte,
von dieser Fluth spricht. Leider haben sich die Schriften des Ephorus nicht erhalten. Es müsste aber ein
gewaltiges Ereigniss gewesen sein, um die Kunde damals bis nach Griechenland gelangen zu lassen.
Aber wenn dieser Durchbruch auch längere Zeit
vor Ephorus sich ereignet haben sollte, kann man
ihn doch nicht für ganz alt halten, wenn eine Nachricht davon nach Griechenland kommen konnte, und
leichter wäre es zu vermuthen, dass bis dahin die
Ostsee einen andern Abfluss gehabt habe. Nun hat
man wohl darauf hingewiesen, dass vom Finnischen
Meerbusen nach dem Weissen Meere hin nicht nur
sehr grosse Seen, der *Ladoga* und *Onega* und der
kleine *Wodla* liegen und überhaupt nur niedriges Land
bis zum Weissen Meere sich findet, dass also hier ein
flacher Landstrich ist, der vielleicht einst die Ostsee
mit dem Weissen Meere verbunden hat. Die geringe

Erhebung dieses Landstriches mag im Allgemeinen richtig sein, wenn man nämlich nur an den Südufern der grossen Landseen fortgeht, aber östlich vom *Onega* hat Herr von Helmersen bedeutend erhöhte Granit-Rücken gefunden und überhaupt sind bestimmtere Anhaltspunkte für die Annahme einer frühern Verbindung mit dem Weissen Meere mir nicht bekannt, und noch weniger irgend ein Anzeichen der Art, wie eine solche Verbindung, wenn sie bestanden haben sollte, aufgehoben wäre. Der silurische Kalk geht an der Südgrenze des Ladoga Sees zu Tage und liegt so horizontal, dass er aus der langen Zeit seines Bestehens keine Hebung nachweist. Da nun für eine Hemmung der vermutheten Communication keine Anzeichen bekannt sind, so bewegt man sich in blossen Vermuthungen, wenn man eine solche ehemalige Verbindung annimmt.

Dagegen sind auf der entgegengesetzten Seite der Ostsee, wo die jetzige Ansicht des Landes viel weniger eine Verbindung derselben mit dem Ocean vermuthen lässt, mancherlei Beweise, dass nördlich von Gothenburg die Ostsee und das Skagerak ehemals einander viel näher kamen als jetzt, vielleicht sogar sich verbanden. Auf diese Anzeichen ist man viel früher schon aufmerksam gewesen, als der Austernfang der alten Bewohner Dänemarks eine Erklärung verlangte. Bekanntlich haben schon vor mehr als einem Jahrhunderte Celsius, Linné und Kalm ein Sinken des Meeres an den Schwedischen Küsten behauptet, andere und besonders L. v. Buch haben im Anfange dieses Jahrhunderts erwiesen, dass nicht das Meer abnimmt, sondern die Skandinavische Halbinsel

sich erhebt. In Folge der langen darauf gegründeten
Untersuchungen, besonders von Lyell[31]), hat sich gefunden, dass die Erhebung ungleich ist, und eine Gegend nördlich von Gothenburg besonders stark sich
erhoben haben muss, und sich noch erhebt. Bei *Uddewalla* und *Orust*, nicht weit von der Norwegischen
Grenze, findet man grosse Lager von Schaalen solcher
Muscheln, wie sie noch jetzt im Skagerak und in der
Nordsee vorkommen, in gut erhaltenem Zustande bis
nördlich vom *Wener*-See und bis zu Höhen von mehr
als 200 Fuss über dem Meere, d. h. bedeutend höher
als die Oberfläche des *Wener*-Sees, die nur 154 Schwed.
Fuss und einige Zoll über dem Meere steht. Auf der
andern Seite hat man Ostsee-Muscheln auch weit
Lande gefunden, z. B. 15 Meilen nach WSW. von
Stockholm an der südwestlichen Seite des *Mälar*-Sees.
Ähnliche Lager sind bei Stockholm, Gefle und
am Bottnischen Meerbusen gefunden. Man kann also
kaum bezweifeln, dass einst der *Wener*-See einen Theil
der Nordsee und der *Mälar*-See einen Theil der Ostsee ausmachten. Worin auch der Grund dieser Erhebung des Landes liegen mag, so muss er mit theil-
weisen Senkungen gewechselt haben, denn man stiess
beim Graben des Kanals von *Söderlelje* aus dem *Mälar*-
See grade in die Ostsee (südlich von Stockholm), in
einer Tiefe von 60 Fuss und unterhalb maritimer
Schichten, auf ein verfallenes hölzernes Häuschen,
vermuthlich eine Fischerhütte mit den Spuren eines
Heerdes und auf Reste von Böten. Hier scheint also
der Boden seit der Ansiedelung von Menschen sich

---

31) *Principlas of geology.* Deutsch: Grundzüge der Geologie.

um mehr als 60 Fuss gesenkt und dann wieder erhoben zu haben. Im Allgemeinen findet aber doch eine Erhebung statt, denn diese ist an vielen Punkten, besonders zwischen dem 58. und 60. Breiten-Grade nachgewiesen, geht aber am Bottnischen Busen weiter nach Norden. Schonen dagegen senkt sich nach Nilson's Beobachtungen. Es scheint daher keinesweges eine gewagte Vermuthung, dass in vorhistorischer Zeit hier eine Verbindung beider Meere bestand. Nachgewiesen ist eine solche, so viel ich weiss, zwischen beiden genannten Seen noch nicht, aber auffallend bleibt, dass schon beim Auftauchen der nordischen Geschichte hier eine Völkerscheide bestanden zu haben scheint, und dass die ältesten Nachrichten, *Scandia* oder *Scanzia*, das jetzige Schonen, mit den angreuzenden Provinzen, als Insel darstellen. Ptolemaeus hat bekanntlich in seiuer geographischen Übersicht überall Längen und Breiten angegeben, die zwar nicht beweisend sind, da sie nicht auf wirklichen Beobachtungen, sondern ohne Zweifel auf den Karten beruhten, die er vor sich hatte. Wenn man nach seinen Angaben die von ihm genannten Länder und Inseln zeichnet, so erscheint *Scandia* als ansehnliche Insel, östlich von der Cimbrischen Halbinsel, zwischen beiden sind drei kleinere Inseln[32]). Ergoss sich ehemals die Ostsee nördlich von Gothenburg unmittelbar in den Skagerak, so war die Verbindung mit der Nordsee unmittelbarer und das Wasser konnte nicht so in seinem Salzgehalte diluirt werden als jetzt im untern Theile des Kattegat, der damals dem Ab-

---

32) Vergl. z. B. *Tabulae geographicae* Claudii Ptolemaei *ad mentem autoris restitutas et emendatas* per Gerardum Mercatorem.

6

flusse mehr zur Seite geblieben wäre. Wurde aber
der Abfluss in der Gegend des Wener-Sees gemindert
oder ganz gehemmt, durch Aufsteigen des Bodens,
so wurden Durchbrüche in der Gegend wo jetzt die
Dänischen Inseln sind, die vielleicht einst ein Conti-
nuum bildeten, nothwendig. — Aber wann mag eine
solche nähere Communication der Ost- und Nordsee
bestanden haben? Aus den neuesten Vorgängen hat
Lyell geschlossen, dass bei *Uddewalla* die Erhöhung
des Bodens jetzt ungefähr vier Fuss in einem Jahrhunderte beträgt. Nimmt man an, dass diese Veränderung eine gleichmässige war, so wären 5000 Jahre
nöthig gewesen, um die am meisten gehobenen Muscheln auf die Höhe zu bringen, auf der sie sich jetzt
befinden. Eine solche Gleichmässigkeit ist aber durchaus nicht nothwendig, sondern höchst unwahrscheinlich. Derselbe Grund, der die Erhebung des Landes
zwischen 58 und 60° noch bewirkt, vielleicht irgend
eine Veränderung in den innern Temperatur-Verhält-
nissen des Erdkörpers, wird früher stärker gewirkt
haben als jetzt. Ein eigenthümlicher Umstand, der
darin besteht, dass im *Wener*-See das ganze Jahr
hindurch Lachse leben, lässt mich vermuthen, dass,
einmal wenigstens, die Erhebung des Bodens hier sehr
rasch in bedeutendem Maassstabe erfolgte. Diese Fische pflegen immer vor der Laichzeit gegen den Strom
zu ziehen, so weit sie können, nach dem Laichen aber
mit dem Strome zu gehen, oder von ihm sich treiben
zu lassen bis ins Meer, wo sie den Winter zubringen.
Ist im Flusse ein Wasserfall, den sie im Aufsteigen
nicht überwinden können, so drängen sie zwar gegen
ihn an, aber wenn er zu bedeutend ist, um übersprun-

gen werden zu können, so finden sich auch oben nie
Lachse. Von dieser ganz allgemeinen Regel macht
der *Wener*-See eine Ausnahme. Dieser See hat seinen
Abfluss durch die *Götha*-Elf, in welchem der mächtige *Trolhätta*-Fall sich befindet, den sicher kein Fisch
überwinden kann und den auch kein grösserer Fisch
ohne zerschlagen zu werden, herabgehen könnte, denn
das Wasser bricht sich in mehreren Absätzen fürch-
terlich an den Felsen. Es ist mir daher wahrscheinlich,
dass die Landeserhebung, welche den Wasserfall er-
zeugte, nicht ganz langsam sich gebildet hat, sondern
sehr rasch zu einer Zeit als die Lachse sich in den
obern Zuflüssen des Sees befanden; dass sie sich nun
vom Meere abgeschnitten sahen und an das süsse Wasser des Sees auch im Winter gewöhnt haben [33]).

33) Die Erhebung Skandinaviens wird jetzt in allen geologischen
Werken besprochen. Die Darstellung Lyell's zeichnet sich immer
noch durch Reichthum und Gedrängtheit der Thatsachen aus, wenn
auch Einzelnes durch neuere Beobachtungen sich etwas anders ge-
stalten sollte. So machen die Untersuchungen im nördlichen Norwegen die Erhebung in höheren Breiten, von Drontheim an, mehr
als zweifelhaft, und lassen sie wenigstens als höchst unbedeutend
im Verlaufe mehrerer Jahrhunderte erscheinen. Es wird dadurch
auch eine bedeutende Erhebung im nördlichen Theile des Bottnischen Meerbusens zweifelhaft. Von Beweisen einer ehemaligen
Verbindung beider Meere durch den Mälar- und Wener-See ist mir
nichts bekannt, da aber nach Zeitungsnachrichten eine Eisenbahn
von *Örebro* nach Westen angelegt werden soll, so wird sich bald
Gelegenheit zu Durchschnitten in den obersten Schichten finden,
und zu beobachten, ob sie irgend Anzeichen einer solchen Verbindung zeigen. Die Überzeuguug, dass das Vorkommen der Lachse
im *Wener*-See eine sehr rasche Erhebung wahrscheinlich macht, wo-
durch der *Trolhätta*-Fall ganz oder zum grossen Theil entstanden wäre,
habe ich ganz zu verantworten. Sie gründet sich auf Erfahrungen,
die zu beweisen scheinen, dass zurückkehrende Lachse Wasserfälle
scheuen und, um sie zu vermeiden, im süssen Wasser bleiben. Auf
das Verbleiben der Lachse im Wener-See fussend schlug ich der
Regierung vor, den Versuch zu machen, Lachs-Arten in den Peipus-

Waren zuweilen raschere und stärkere Erhebungen, so ist auch kein Grund, die Muschel-Schaalen, die in der bezeichneten Gegend auf dem Trocknen und in bedeutenden Höhen liegen, für so alt zu halten, als sie sein müssten, wenn die Erhebung des Bodens gleichmässig 4 Fuss in einem Jahrhunderte betragen hätte. In der That haben diese Muscheln, von denen ich eine bedeutende Anzahl besitze, nicht das Ansehen, als ob sie 5000 Jahre der Verwitterung ausgesetzt gewesen wären.

Indessen ist es nur ein Versuch, den ehemaligen grösseren Salz-Gehalt des Kattegats zu erklären, wenn

See zu versetzen. Der Peipus-See hat seinen Abfluss durch die Narowa in den Finnischen Meerbusen. Die Narowa bildet aber oberhalb Narwa einen Wasserfall, den die Lachse nicht überspringen können. Es kam auf den Versuch an, ob sie ihn auch bei der Heimkehr ins Meer vermeiden würden. Im Herbst 1852 wurde eine Anzahl Lachse, wie sie in der Ostsee gewöhnlich sind, und eine zweite kleinere Art ohne rothe Flecken, die ich für *S. Trutta* L. halte, obgleich man jetzt, nachdem Nilsson erklärt hat, dass er nicht wisse, was *S. Trutta* L. sei, gar nicht mehr weiss, wie man die Lachse benennen soll. Leider sind von beiden Arten, trotz ergangenen Verbotes, viele Individuen weggefischt, worüber bestimmte Nachrichten vorliegen. Aber diese Nachrichten lehren, dass die eigentlichen Lachse wenigstens bis ins 4te Jahr im See vorkamen. Vielleicht haben sie sich auch fortgepflanzt, worüber ich jedoch keine zuverlässige Nachricht habe. Sicher ist aber, dass die kleinere Art, also *S. Trutta*, einheimisch geworden ist und sich bedeutend vermehrt hat. Sicher ist ferner, dass von den eigentlichen Lachsen mehrere einige Jahre im See geblieben waren. Muss man daraus nicht schliessen, dass sie nicht wie Holzblöcke nach dem Laichen vom Wasser sich treiben lassen, sondern die Gefahr des Wasserfalls vermeiden? Woran sie ihn erkennen mögen, bevor sie von ihm ergriffen werden, ist mir ein Räthsel.

Die Nachrichten der Phönicier vom Bernsteinlande können naturlich nicht als Beweis dienen, dass eine oder mehrere der jetzigen Einfahrten in die Ostsee damals bestanden. Sie hätten durch den Wener-See eingefahren sein können. Allein Schöning findet es überhaupt wahrscheinlicher, dass sie nur in Britannien vom Bernstein-Lande hörten, und dort den Bernstein eintauschten.

wir es als möglich oder wahrscheinlich zu erweisen
suchten, dass ehemals viel höher im Norden eine un-
mittelbare Verbindung der Ostsee mit der Nordsee
bestand. Erwiesen ist nur, dass der Mälar-See zum
Bereiche der Ostsee und der Wener-See zum Bereiche
der Nordsee gehörte. Zwischen ihnen würden, bei der
angenommenen Verbindung, die Wasser sich gemischt
haben, und das Kattegat konnte salzreicher sein.
Die Verbindung, wenn sie bestand, ist nicht durch den
Wetter-See zu suchen, dessen Wasser-Spiegel jetzt 308
Schwed. Fuss über dem Meere steht. Zwischen *Örebro* und dem *Wener*-See, wo jetzt eine Eisenbahn angelegt wird, würde man die Bestätigung oder Widerlegung dieser hypothetischen Verbindung zu suchen
haben. Ich habe überhaupt nur auf die Möglichkeit
hinweisen wollen, bin aber weit davon entfernt, diese
geologische Veränderung für erwiesen anzunehmen.
Auch springt in die Augen, dass die Karten des Ptolemaeus für eine solche Vermuthung nicht erweisend
sind, grade weil sie beiderlei Durchgänge anzeigen.
Man müsste denn annehmen, dass die geringe Aus-
dehnung von *Scandia* nach Norden zu einer Zeit gezeichnet wäre, als der frühere Ausfluss bestand, und
dass nachher die neuen Durchbrüche dazu gezeichnet
wären — eine etwas gezwungene Erklärung. Auch
ist die Sage von der Cimbrischen Fluth sehr unsicher.
Zu dieser Überzeugung bringt mich nicht etwa
Strabo, der die Sage, eine Meeres-Fluth habe die
Cimbern vertrieben, lächerlich findet, da die Meeres-
Fluth im Ocean regelmässig 2 Mal täglich eintrete.
Mir scheint vielmehr die Ansicht Strabo's lächerlich,
da er meint, dass die Flucht eines Küstenvolkes vor

Meeres-Einbrüchen auf die regelmässige Fluth zu beziehen sei. Aber wichtig scheint mir die Meinung, die der gelehrte Schöning in seiner Kritik der Nachrichten der Griechen und Römer vom Norden vorträgt. Da die älteren Nachrichten nur sagen, dass die Cimbern nördlich von der Elbe wohnten, so meint Schöning, könne das Meer gegen den Winkel zwischen Dänemark und der Elbe vorgedrungen sein, wo in der That das Meer bis jetzt noch Fortschritte macht, und die Inseln nur Reste früher viel ausgedehnterer Länder-Massen sind[34]). *Helgoland* sowohl als die Inseln an der Westküste Schleswigs haben sogar in den letzten Jahrhunderten bedeutend an Umfang verloren.

Die Boden-Schwankungen dieser Gegenden lassen aber noch eine andere Erklärung des frühern grössern Salz-Gehaltes im Kattegat zu, ohne Annahme einer mehr nordischen Verbindung mit der Ostsee. Nach den Beobachtungen des Herrn Professor Forchhammer, der seinem Vaterlande so viele und lehrreiche Untersuchungen gewidmet hat, scheint es, dass ein Theil Jütlands und der Dänischen Inseln sich langsam etwas erhebt, namentlich das Land, das nördlich von einer Linie liegt, die westlich vom *Nissenfjord* beginnt und südöstlich bis zur Südspitze von *Möen* verläuft. Man findet nördlich von dieser Gegend Moore, deren Boden aus Strand-Grus mit Meeres-Muscheln besteht. Man hat sogar in einem Moore bei Eskjän, weit im Lande Anker und ein Boot gefunden. Nach

---

34) Deutsch findet sich Schönings gelehrte und gründliche Arbeit als Einleitung in Schlözer's Allgemeine nordische Geschichte 1771. 4.

diesen Andeutungen könnte der Liimfjord ehemals die
Grenze des Landes gewesen sein, die Verbindung des
Kattegat mit der Nordsee wäre eine breitere gewesen,
der Salz-Gehalt also ein grösserer und die Einwirkung der Ostsee weniger merklich.

Eine dritte Erklärung für den grösseren Salz-Gehalt des Kattegat zur Zeit seiner ersten Anwohner,
könnte man darin suchen, dass die Ostsee früher salzreicher war, also auch das Wasser des Kattegat weniger diluirte. In der That kann man kaum bezweifeln,
dass alle grösseren Wasserbecken nach der Erhebung
des umgebenden Landes mit Meerwasser gefüllt waren, das nur allmählich mit süssem Wasser ersetzt
wurde, wenn sie starken Zu- und Abfluss von frischem
Wasser hatten und gleichsam ausgesüsst wurden.
Noch neuerlichst hat Babinet diese Ansicht in der
Pariser Akademie verfochten, und ich gestehe, dass
sie mir sehr begründet scheint. Es ist zwar be-
denklich anzunehmen, dass zur Zeit der Ansiedelung
von Menschen auf den Dänischen Inseln die Ostsee noch mit sehr starkem Salz-Gehalt ausströmte,
wenn die Ausmündungen ganz die jetzigen waren.
Allein bedenkt man, dass die Zuflüsse der Ostsee nach
dem Auftauchen aus dem Meere noch Jahrhunderte,
vielleicht Jahrtausende hindurch, wohl selbst salzhal-
tig waren, dass überhaupt der Ausfluss des gemisch-
ten Wassers nur gering ist, so wird man es nicht
ganz unwahrscheinlich finden, dass ein sehr langer
Zeitraum vergehen musste, bis der jetzige Zustand
sich entwickelt hatte.

Allein es wäre endlich auch möglich, dass nicht
die Abnahme des Salz-Gehaltes im Wasser, sondern

eine andere Veränderung entweder für sich allein,
oder vielleicht in Verbindung mit andern Verän-
derungen das Gedeihen der Austern im südlichen
Theile des Kattegat gehemmt hätte, — etwa die Abnahme der Wärme. Man kann sich nicht mehr der
Überzeugung entziehen, wie ich glaube, dass auch in
der Tertiärzeit, ganz abgesehen also von sehr alten
Perioden, wie etwa der Kohlenperiode, die Wärme in
den nördlichen Gegenden abgenommen hat und noch
abnimmt, wenn auch so langsam, dass unsere Ther-
mometer-Messungen, die kaum 150 Jahre alt sind,
sie nicht mit Bestimmtheit nachweisen. Herr Prof.
Goeppert, der gründliche Kenner der vorweltlichen
Vegetation, hat ganz neuerlich unserer Akademie eine
Abhandlung «Über die Tertiär-Flora der Polar-Ge-
genden» eingesendet, in der er aus vielen arktischen
Gegenden das ehemalige Gedeihen von Pflanzenformen
wärmerer Gegenden nachweist. Diese Nachweisung
ist keinesweges ganz neu, wofür der Verfasser sie auch
nicht ausgiebt, die fossilen Thiere haben dasselbe
schon lange bezeugt. Allein diese Zeugnisse scheinen
zu unserer Zeit besonders beachtenswerth, weil man
wenigstens die Formationen, die man Diluvium nennt,
nicht mehr vor die Existenz des Menschengeschlechts
setzen kann. Der Mensch hat also einen nicht unbedeutenden Theil des Abkühlung-Processes erlebt. Da
müssen wir uns denn wohl sagen, die ersten Bewohner Dänemarks fanden vor mehreren Jahrtausenden
ein wärmeres Klima vor. Jetzt bedecken sich, zwar
nur selten, aber doch zuweilen, die drei Ausgänge
der Ostsee mit Eis, und auch ein Theil des Kattegat.
Der *Jsefjord* hat, wie man vermuthen muss, doch

wohl seinen Namen daher, dass er sich gewöhnlich mit Eis bedeckt. Kam das auch vor, als in der Stein-Periode die ersten Ansiedler hier Austern suchten? Welchen Einfluss ein breiter Eisrand auf die Austern hat, wissen wir nicht. Jedenfalls beschwert er das Athmen. Fische halten längere Zeit unter einer Eisdecke aus, allein so wie ein Loch in die Eisdecke gehauen ist, so sieht man sie dahin ziehen, wo jetzt erneuter Luftwechsel ist. Steht bei geringem Wasservorrath die Eisdecke lange, so ersticken die Fische. Man pflegt dann zu sagen sie seien ausgefroren. Unsere nordischen Süsswasser-Mollusken verkriechen sich, so viel ich weiss, in den Schlamm, und werden da im Winterschlafe der Athmung wenig bedürfen. Die Auster kann sich nicht verkriechen wie unsere Unionen und Anodonten, kann auch nicht, wie die Fische, entfliehen und eine bessere Stelle suchen, wenn das Wasser am Orte ihres Aufenthaltes mit Kohlensäure überfüllt ist.

5. Salz-Gehalt und andere Verhältnisse der Ostsee in verschiedenen Gegenden.

Der Salz-Gehalt des Wassers in der Ostsee ist auffallend geringer als in der benachbarten, nicht völlig geschiedenen Nordsee. Auch spricht die Flora und Fauna jenes Wasserbeckens in seinem östlichen und nördlichen Theile vielmehr den Character eines Landsees aus als den eines Meeres.

Man kann das Becken der Ostsee in Bezug auf den Salz-Gehalt und die davon abhängige Pflanzen- und Thierwelt, in drei Regionen theilen: 1) die östlichen und nördlichen Eingänge, nämlich den Bottnischen, den Finnischen und den Rigischen Busen, 2) das grosse oder mittlere Becken von diesen Eingängen bis zu der Verengung zwischen Schonen (der Süd-Spitze von Schweden) und der Deutschen Küste, 3) die westliche Extremität von dieser Verengerung bis zu den drei Ausgängen. Wir wollen diese drei Abschnitte einzeln durchgehen, aber in umgekehrter Ordnung, da wir früher das Kattegat besprochen haben.

Die westliche Extremität, nördlich begränzt von den Dänischen Inseln, westlich von Schleswig, südlich von Holstein und Mecklenburg kann man *submarin* nennen. Der Salz-Gehalt ist sehr wechselnd, je nachdem das Kattegat stärker gegen die Ostsee oder diese gegen das Kattegat sich ergiesst, doch ist der Salz-Gehalt selten unter 10, und selten über 20 $p. m.$ Beide Extreme zeigen sich im Sunde, an der Südküste kommen sie schwerlich vor, und in den Belten wird der Salz-Gehalt von weniger als 10 $p. m.$ wohl nie vorkommen, dagegen mag der von mehr als 20 $p. m.$ dort häufig sein. Leider hat Herr Prof. Forchhammer, der die Natur-Verhältnisse seines Vaterlandes auf das Genaueste zu untersuchen pflegt, und eben dadurch so belehrend wird, gar keine Analysen aus den beiden Belten mitgetheilt, von wo er Wasserproben so leicht hätte haben können. Man darf wohl voraussetzen, dass es deswegen nicht geschehen ist, weil einzelne Analysen auch wenig Belehrung geben, sondern nur zahlreiche aus verschiedenen Zeiten. Die grossen Variationen im Salz-Gehalte des Wassers im *Oeresund*, den wir in Deutscher Sprache schlechtweg den *Sund* zu nennen pflegen, hat dagegen Forchhammer durch eine Reihe von Pro-

ben, die vom 17. April bis zum 11. September bei
Helsingör an der Oberfläche täglich, und in der Tiefe
wöchentlich geschöpft wurden, ausführlich erwiesen, ·
— nicht in dem Werke, das den Salz-Gehalt des
Meerwassers überhaupt behandelt, sondern in einem
Programm: *Bidrag till skildringen af Danmarks geogra-
phiske Forhold*..... und in einem Berichte an die
Akademie [35]). In den 134 Tagen der Beobachtung
ging, wie wir oben schon anzeigten, die Strömung an
86 Tagen ins Kattegat, an 24 Tagen aber in die Ostsee und eben so oft war keine merkliche Strömung.
Man kann kaum zweifeln, dass im Winter das Verhältniss der Ausströmung aus der Ostsee noch anhaltender ist, da die Verdunstung in dieser Zeit sehr gering sein muss, im Sommer aber bedeutend. Den
Salz-Gehalt des obern Wassers gibt der Verfasser
übersichtlich so an:

	im Mitt.	Max.	Minim.
Bei der Strömung nach Norden (24 Tage)	15,994	23,771	10,032
— — — — Süden (86 »)	11,601	19,352	8,010
— Strom-Stille (24 »)	11,342	17,842	8,664

Die Unterströmung wurde fast beständig in die
Ostsee gehend gefunden. Sie gab im Mittel 19,002
Salz-Gehalt, wechselte aber zwischen 23,309 und
8,911 *p. m.* Bei *Kopenhagen* wurden vom 3. März
bis zum 28. April zwischen der Stadt und Christians-
hafen einmal wöchentlich Beobachtungen gemacht.
Es fanden sich an der Oberfläche im Mittel 15,845
p. m. fester Bestandtheile, in der Tiefe 17,546. Herr
Forchhammer schliesst daraus, dass wenigstens in

---

35) *Oversigt over det Kong. dansk. Videnskab. Selskabs Forhandlin-
ger.* 1858, p. 62.

dieser Zeit des Jahres die Unter-Strömung von Helsingör bis Kopenhagen noch nicht vollständig mit dem obern Wasser sich gemischt hat. Auch war im März die Unter-Strömung bei *Helsingör* um 1 bis 2 Grad wärmer als das oberflächliche Wasser. Ich zweifle nicht, dass im Sommer das Verhältniss der Temperatur sich umkehrt, denn im Verlauf des Sommers erwärmt sich das Wasser in der Ostsee noch mehr als im Kattegat, wogegen es im Winter kälter ist. — Welche Eisbildung in dieser westlichen Extremität Regel ist, finde ich nirgends mit einiger Vollständigkeit angegeben. Nur in sehr strengen und anhaltenden Wintern bedeckt sich ein grosser Theil dieser Wasserfläche mit Eis, das zuweilen so fest wird, dass man von Kopenhagen nach Mecklenburg über das Eis gehen kann. Solche Fälle werden als grosse Merkwürdigkeiten, besonders aus dem 14. Jahrhundert in den Chroniken notirt. Häufiger bedeckt sich der Sund mit Eis, aber dass alle Ausgänge der Ostsee mit einer festen Eislage sich bedecken, scheint doch nur selten, da man es als besondere Merkwürdigkeit anzusehen pflegt, dass Karl X. im Winter 1658 mit einer Armee und Artillerie aus Jütland nach Seeland kommen konnte.

Die Fauna kann man höchstens eine submarine nennen; denn es zeigen sich allerdings ganz maritime Formen, wie Haie, Rochen, Seesterne in einzelnen Individuen, aber sie scheinen mehr zufällige Gäste aus der Nordsee als heimisch in diesem Gebiet; die unbeweglichen oder fast unbeweglichen, wie Seeigel, fehlen ganz. Ausser den Rochen und Haien kommen einzeln auch einige andere Seefische hier vor, die man

im grossen Becken schwerlich findet. Der Häring ist
in dieser Extremität auch noch ganz gross, obgleich
er dem Norwegischen sehr an Grösse nachsteht. Von
Schaalthieren will man hier noch *Buccinum undatum*
und *reticulatum*, *Littorina littorea*, *Mya truncata*, gefunden haben, die, wenn den Angaben nicht Irrungen
zu Grunde liegen, wenigstens nicht weiter verbreitet
sind. Von Tangen zählt Boll ziemlich viele Formen
auf, von denen die meisten nicht über dieses Becken
hinaus gehen. Auch das Leuchten des Meeres ist, so
viel ich weiss, nur in dieser westlichen Extremität
beobachtet worden, und lässt vermuthen, dass von
den kleinsten Seebewohnern viele hier noch vorkommen, dem grossen Becken aber fehlen.

2) Das grosse oder mittlere Becken, von der Verengerung zwischen Rügen und der Südküste von Schonen bis zu der Kette der *Åland*-Inseln und den West-
Ufern von *Oesel* und *Dagö*, so wie von hier nach dem
gegenüber liegenden Cap *Hangö* in Finnland hat den
Charakter eines wahren und gleichmässigen Brakwassers. Der Salz-Gehalt ist viel constanter als in
der westlichen Extremität und schwankt nach den
Localitäten zwischen 6 und 11 *p. m.* Die Fauna ist
eine durchaus gemischte. An den Flussmündungen und
überhaupt an den Küsten ist die Anzahl der Süss-
wasser-Fische, und zwar solcher, die man Brakwasser-
Fische nennen kann, weil sie ein schwach gesalzenes
Wasser nicht fürchten, ansehnlich. Dazu kommen
Geschlechter, welche den Aufenthalt wechseln, zur
Zeit der Propagation in die Flüsse aufsteigen und dann
ins Meer zurückzukehren pflegen, wie die Lachs-Arten und die Störe. Auch die Zahl der Arten, welche

nicht in die süssen Wasser steigen, sondern in dem
brakischen Meere bleiben, ist nicht gering, aber sie
scheinen nur verkümmerte Varietäten von solchen
Arten zu sein, welche die Nordsee bewohnen, denn
sie nehmen sehr auffallend an Grösse ab, je mehr sie
sich den Seiten-Busen nähern, und verändern damit
oft auch ihre Benennung. So wurde der sogenannte
Strömling von Linné für eine vom Häring verschiedene Art gehalten. Aber dieser Strömling, der bei
Stockholm und an der Pommerschen Küste noch eine
mittlere Grösse hat, ist an der Preussischen Küste
viel kleiner und im Finnischen und Bottnischen Meerbusen noch viel mehr, ohne ihre äussersten Enden, wo
der Salz-Gehalt fast schwindet, ganz zu erreichen.
Da er überdies durch wesentliche Unterschiede vom
Häring sich nicht unterscheidet, so sehen die Zoologen jetzt keinen Grund, ihn vom Häringe zu trennen.
Indessen kann man nicht sagen, dass die Localität
genau die Grösse bestimmte, denn ich sah an der
südöstlichen Küste Schwedens häufig unter Fischen
mittlerer Grösse, die man grosse Strömlinge benennen
muss, noch viel grössere und dickere, die man nicht
umhin konnte, Häringe zu nennen. Ob man diese als
von Westen kürzlich eingewandert betrachten soll,
oder ob nicht vielmehr zweierlei Stämme hier neben
einander wohnen, würde man nur nach langer Beobachtung und zwar in den verschiedenen Jahreszeiten
entscheiden können. Jedenfalls fehlt es nicht an Wan-
derungen zu gewissen Zeiten, denn selbst noch tief
im Finnischen Meerbusen, westlich von der *Narowa*-
Mündung sind die Strömlinge, die man gleich nach
dem Eisgange findet, auffallend grösser als die, welche

man das übrige Jahr hindurch fängt. Man nennt sie
auch mit besonderem Namen Eis-Strömlinge. Es scheint
daher, dass Strömlinge, deren Sommer-Aufenthalt
mehr westlich ist, im Winter oder im ersten Frühlinge
weiter östlich ziehen und später wieder zurückwan-
dern. Es haben daher schon mehrere Zoologen ver-
muthet, dass man eine Menge *Species* oder *Subspecies*
von Häringen zu unterscheiden habe, während andere,
wegen Mangel unterscheidender Merkmale, lieber alle
vereinigen wollen. Eine genaue und mehrere Jahre
durchgeführte Vergleichung dieser Thiere im Kattegat und in verschiedenen Gegenden der Ostsee könnte
unsere Vorstellungen von Arten sehr berichtigen oder
das Ungenügende derselben anschaulich machen. Was
von den Strömlingen gilt, das gilt, wie es scheint,
auch vom Dorsch. Linné, der ihn aus den grossen
Becken der Ostsee kannte, stand nicht an, ihn für
verschieden vom Kabliau zu halten. Aber auch der
Dorsch wird kleiner mit der Abnahme des Salzes. Er
ist viel kleiner bei Reval als bei Königsberg und geht
nicht weit über Reval hinaus. Er wird auch wohl
weiter nach Westen bedeutend grösser sein, als bei
Königsberg, worüber mir zwar eigene Erfahrungen
fehlen, woran ich aber nicht zweifle, seitdem auch
Nilsson den Dorsch (*Gad. Callarias* L.) für identisch
mit dem Kabliau (*Gad. Morrhua* L.) hält[86]). Dieses
Kleinerwerden nach Osten zu gilt von den meisten
Fischen, welche nicht zeitweise im süssen Wasser leben. So habe ich bei Königsberg sehr oft den *Cyclopterus Lumpus*, *Esox Bellone*, *Cottus Scorpius* und

---

86) Nilsson, *Skandinavisk Fauna, 4 Delen: Fiskarna.* 1855.

ähnliche Fische, die nicht gegessen werden, ins Museum erhalten, aber immer sehr viel kleiner als sie in der Nordsee vorkommen und auch kleiner als in der westlichen Extremität der Ostsee. *Cyclopterus Lumpus* war meist 3 Zoll oder noch weniger lang, ein Exemplar von 4 Zoll, eine sehr grosse Seltenheit. *Cottus Scorpius* hatte meist eine Länge von 7, selten bis 9 Zoll, im westlichen Theile soll er einen Fuss und an der Küste von Norwegen 4 Fuss lang werden[37]), also wohl das 80fache Gewicht erlangen. Dieselbe Abnahme kann man aber von solchen Fischen nicht behaupten, welche im süssen Wasser gut gedeihen können auch nicht von solchen Fischen, welche weite Reisen machen, also nicht Generationen hindurch den Einfluss des Brakwassers und der veränderten Nahrung erfahren. Dahin gehört z. B. der Schwerdtfisch, der sich dann und wann zeigt und der die gewöhnliche Grösse zu haben scheint, weshalb man alle solche Fische für verirrte halten kann, so gut wie die Wallfische, die sich zwar viel seltener, doch von Zeit zu Zeit an der Südküste zeigen und von denen einer vor wenigen Jahren in den Finnischen Meerbusen sich verlief und nach Reval eingebracht wurde.

Was von den Fischen gilt, gilt ebenso entschieden von den Mollusken, wie schon Middendorff in seinem Reisewerke nachgewiesen hat. Es gibt keine eigenthümlichen Arten der Ostsee. Sie sind entweder Bewohner des süssen Wassers und kommen dann in den benachbarten Flüssen und Seen auch vor, was

---

37) B o l l, Archiv des Vereins der Freunde der Naturg. in Mecklenburg, Heft I. S. 56.

auch von der *Dreissena polymorpha* gilt, die vortrefflich und in sehr grosser Menge im Kurischen Haff
gedeiht, und etwas ins Brakwasser geht; oder sie
leben auch in der Nordsee. Diese letztern verkümmern
aber noch mehr als die Fische. · *Cardium edule*, das
in der Nordsee die Grösse eines kleinen Apfels erreicht, fand ich an der Küste von Schweden, südlich
von Stockholm, ausser dem Bereich des süssen Wassers
aus dem Mälar und der Strömung aus dem Bottnischen Busen, noch bis zu der Grösse einer Wallnuss,
aber nur in bedeutender Tiefe, in der Nähe des Ufers
waren die ausgeworfenen alle kleiner. Bei Königsberg pflegen sie nur die Grösse von guten Haselnüssen zu erreichen, bei Reval aber kann man sie
nur mit kleinen Haselnüssen oder mit grauen Erbsen
vergleichen, die grösser als die gewöhnlichen gelben
Erbsen zu sein pflegen. Noch mehr ist *Mytilus edulis*
bei Reval verkümmert und niemand kann daran denken, sie zu essen. Dieselbe Art dient in der westlichen Extremität der Ostsee noch als Speise. Da dieses Schaalthier festsitzt, so gibt es mehr als die andern den Beweis, dass man im westlichen Theil des
Finnischen Busens nicht etwa Junge vor sich hat.
Sie müssen nothwendig hier sich fortpflanzen. Nur
in einer Hinsicht scheint das Verhältniss der Schaalthiere von dem der Fische verschieden. Die Süsswasser-Mollusken, wenigstens die Schnecken unter
ihnen, verkümmern im Brakwasser, ebenso wie die
Seeschnecken mit der Abnahme des Salz-Gehalts,
was bei den Fischen mir wenigstens nicht deutlich
geworden ist. So fand ich in den schmalen Durchfahrten
der Ålands-Inseln und zwar an Stellen, wo kein Aus-

7

fluss von süssem Wasser aus den Inseln zu erkennen
war, Limnaeen (*l. ovatus* und andere) von einer Klein-
heit, welche die Stammform kaum erkennen liess.
Sollten die vielen kleinen Limnaeen, die man in neuern
Zeiten als eigene Arten aus dem Innern Deutschlands
aufgestellt hat, nicht auch Verkümmerungen sein, die
auf starken Beimischungen des Wassers, in dem sie
leben, beruhen?

Von Tangen enthält das grosse Becken nur sehr
wenige Arten. Sie nehmen bei vermehrtem Salz-Gehalte auffallend an Grösse zu. Südlich von Stockholm,
sobald man ausser dem Einfluss des süssen Wassers
ist, fand ich sie merklich grösser und mehr gedrängt
als ich von Königsberg, Reval und den Ålands-Inseln
gewohnt war, aber bei *Åhus* (55° 58' n. Br.) die ge-
wohnten Arten, *Fucus vesicul. Polysiphonia*, schon mehrere Fuss lang und den Meeres-Boden wie mit einem
Walde bedeckend. Der Felsboden Schwedens ist in
Bezug auf die Dichtigkeit der Tange sehr bevorzugt
gegen den Sandboden mit vereinzelten Steinen an den
Küsten Preussens.

Das grosse Becken der Ostsee bekommt in jedem
Winter einen Eisrand, dessen Breite und Dauer nach
den Gegenden und der Strenge des Winters, besonders der stillen kalten Tage, verschieden ist. Nicht
selten verbindet eine Eisbrücke die Ålands-Inseln mit
dem Festlande. In sehr seltenen Fällen soll das Eis
von Schweden bis Gothland reichen, also das ganze
Becken oder den grössten Theil desselben überziehen.
Dagegen steigt die Temperatur an der Oberfläche
im Sommer bis auf 15 — 20°, in der westlichen Extremität steigt sie noch viel höher auf 22—24°, wo-

gegen sie im Kattegat unter dem Einflusse der Nordsee nur 16°,2 beträgt.

3) Die drei Eingänge der Ostsee, der Bottnische, der Finnische und der Rigische Meerbusen, enthalten zuvörderst in ihren Anfängen nur süsses Wasser, das weiterhin brakisch wird. Aus dem Bottnischen Meerbusen kenne ich keine Analysen, allein es ist wohl kaum zu bezweifeln, dass er noch weniger Salztheile enthält als der Finnische. Ich erinnere mich aus zuverlässiger Quelle, die ich jetzt nicht näher angeben kann, erfahren zu haben, dass bis zu der Verengerung *Quarken*, wo beide Ufer sich nähern und überdiess Inseln von beiden Seiten die Fläche noch mehr beengen, das Wasser getrunken werde. Das stimmt ganz mit Middendorff's Beobachtung, dass bei *Karleby* nur Süsswasser-Muscheln vorkommen[88]). Dass im fernern Verlauf dieses weiten Busens der Salz-Gehalt sich langsamer mehrt als im Finnischen, lehrt die unten anzuführende Analyse des Wassers bei *Degerby*, die nicht einmal 6 *p. m.* gab, und ist auch ganz verständlich durch den starken Zufluss von süssem Wasser, womit die beständig nach S. und zuletzt nach SSW. gerichtete Strömung harmonirt. *Degerby* gehört zwar zur Gruppe der Ålands-Inseln, tritt aber aus dieser Gruppe am weitesten nach Süden vor und das Wasser von *Degerby* gehört also schon dem Nordrande des grossen Beckens an. Nördlich von der Inselkette wird das Wasser des Bottnischen Busens wohl nur bis 5 *p. m.* oder sehr wenig darüber steigen.

Im Finnischen Busen gilt das Wasser von der Newa-

88) Middendorff's Reise in dem äussersten Norden und Osten Sibiriens. Bd. II., Th. I., S. 817.

Mündung bis *Kronstadt* für völlig süss, d. h., es hat
nur so viel aufgelöste Salz-Theile als überhaupt das
Wasser von Flüssen und namentlich das der Newa zu
enthalten pflegt. Erst hinter *Kronstadt*, namentlich
von *Oranienbaum* an, bemerkt man etwas mehr Sätti-
gung als der Anwohner der Newa gewohnt ist, und
man schöpft es nicht mehr für den Gebrauch besserer
Küchen. Es wird aber nicht nur vom Vieh, sondern
auch von den arbeitenden Klassen der Ufer-Bewohner
getrunken bis nach *Hogland*, wie ich aus eigener Erfahrung bezeugen kann. Mir war der Geschmack desselben bei *Hogland* schon sehr zuwider. Nach Forchhammer's Analyse enthält das Wasser bei *Hogland*
schon 4,7 p. m.[39]). In dieser Gegend beginnen auch
die brakischen Seemuscheln in verkümmerten Exem-
plaren, zuerst *Tellina Baltica* und verkümmerte Tange,
besonders *Fucus vesiculosus*, der noch bei Reval kaum

39) Die Wasserprobe zu dieser Analyse war indessen SW. von
Hogland geschöpft und es ist nur das Wasser an der Ostküste der
Insel, das man trinkt. Auch sind es nur die Bewohner von Hogland,
welche sich gewöhnt haben, dieses Wasser an ihrer Küste, wenn sie
fischen u. s. w., zu trinken. Die Bewohner des Festlandes pflegen
Flusswasser mitzunehmen, wenn sie nach Hogland fahren. — Wie
sehr sich der Mensch an salzhaltiges Wasser gewöhnen kann, habe
ich mit Verwunderung am Kaspischen Meere erfahren. Bei Baku
gilt das Wasser aus dem Chanischen Brunnen für ganz rein, und
da es verhältnissmässig kühl ist, schien es auch mir erquickend.
Dennoch wird es, wenn man eine Auflösung von salpeters. Silber
einträufelt, nicht etwa blos nebelig getrübt, sondern ganz weiss.
Noch schlechter ist das Trinkwasser bei *Nowo-Petrowsk* (*Mangischlak*) an der Ostküste des Kasp. Meeres, wo man die Beimischung
von Bittersalz deutlich schmeckt. Auch dieses Wasser vertragen die
Erwachsenen noch ziemlich gut, aber die Kinder sterben oft an anhaltenden Durchfällen. Die Pferde sind schwer zu erhalten, das Rind-
vieh verträgt das Wasser und auch salzhaltige Pflanzen etwas besser,
doch schmeckt nicht selten die Milch salzig. Die Kamele gedeihen
sehr gut, und die Schaafe vortrefflich, wenn sie Wermuth in Menge in
den Steppen vorfinden, was bei Mangischlak nicht der Fall ist.

die Höhe einer Spanne hat, und nur vereinzelt vor-
kommt, beim Übergange in das grosse Becken auf
felsigen Stellen aber schon Polster oder Wiesen im
Wasser bildet. Im Finnischen Busen und wahrscheinlich auch in den andern, wenigstens im Rigischen ist
übrigens der Salz-Gehalt viel wechselnder, als er im
grossen Becken zu sein pflegt, weil ein anhaltender
Wind in der Richtung des Busens denselben bald mit
mehr oder weniger diluirtem Salz-Gehalt übergiesst.
Als St. Petersburg im Nov. 1824 nach anhaltenden
Westwinden überschwemmt wurde, hat man bei Kronstadt das Wasser noch am Tage nach der Ueber-
schwemmung salzig befunden.

Diese drei Eingänge der Ostsee bedecken sich in
jedem Winter weit hin mit Eis, ohne in jedem Winter
ganz überbrückt zu werden. Im Finnischen Meerbusen
kann man bei Hogland häufig, ich glaube in den meisten Wintern, von Esthland über das Eis bis nach
Finnland fahren. Nur in strengen Wintern kann man
von Reval eben so nach dem gegenüberliegenden
Helsingfors über das Eis reisen. Im verflossenen
strengen Winter (1860 — 61) hielt diese Eisfahrt bis
in den Februar an.

Über die Productionsfähigkeit dieser Gegenden soll
im letzten Abschnitte (8) etwas gesagt werden.

—

Bevor ich eine Übersicht der mir bekannt gewordenen Analysen des Wassers der Ostsee aus verschiedenen Gegenden summarisch zusammenstelle, scheint
es nothwendig, über die Analysen, welche Herr Heinr.
Struve, Chemiker des Berg-Departements, ausge-

führt hat, ein Wort zu sagen, und sie in ihren Resultaten vollständig mitzutheilen.

Im Jahre 1852 hatte ich im Auftrage der Regierung eine Reise nach Schweden gemacht, um die dortige Gesetzgebung für die Fischerei kennen zu lernen, da man wusste, dass für diesen Staat eine neue Fischerei-Ordnung ausgearbeitet werde. Ich benutzte diese Gelegenheit, um verschiedene Punkte der Ostsee zu besuchen, theils um den Zustand der Fischerei in ihr überhaupt zu übersehen, und sie mit der an den Küsten Liv- und Esthlands vergleichen zu können, theils um aus verschiedenen Gegenden Wasser-Proben zu sammeln und die Productionen der See in diesen Gegenden wenigstens hie und da anzusehen. Leider konnte, mit Ausnahme von Stockholm, der Aufenthalt überall nur ganz kurz sein. Herr H. Struve hatte die Gefälligkeit, auf meine Bitte, die mitgebrachten Wasser-Proben zu untersuchen, und da die Analyse auch die Quantitäten der verschiedenen chemischen Bestandtheile bestimmt hat, so fühle ich mich verpflichtet, sie vollständig der wissenschaftlichen Welt vorzulegen.

Ich bemerke noch für eine künftige vollständigere Vergleichung des Wassers aus verschiedenen Gegenden der Ostsee, welche ohne Zweifel auch auf die Zeiten Rücksicht nehmen wird, dass die Proben im *Bar-Sund*, bei *Degerby* und im *Furu-Sund* in der zweiten Hälfte des August nach neuem Styl, die übrigen aber auf der Rückreise von Gothenburg im September geschöpft worden sind.

Die beiden auf der Westseite von Schonen bei *Malmö* und *Landskrona* geschöpften Proben geben einen ungewöhnlich starken Salz-Gehalt. Zwei Tage vor dem Schöpfen war heftiger Sturm aus SW. und am Tage vorher noch scharfer Wind aus derselben Richtung gewesen. Dadurch musste das Kattegat aufgestaut, mit Wasser aus dem offenen Meere überfluthet und stark in die Ostsee gedrungen sein. Das Wasser war, obgleich bei Windstille geschöpft, doch von dem nun wieder zurück nach Norden fliessenden. Es scheint mir aus diesem Beispiele, dass bei Untersuchungen von Wasser aus Gegenden, wo es in Bezug auf den Salz-Gehalt veränderlich ist, es nothwendiger wird, die Strömung, wie sie am Tage vorher war, als die augenblickliche zu notiren. Bei *Landskrona* wurde am Morgen früh und bei *Malmö* am Nachmittage des ersten stillen Tages geschöpft. Es scheint, dass diese Einströmung aus dem Kattegat noch kenntlich war, als das Dampfschiff nach *Karlskrona* kam.

H. Struve's Analysen vom Wasser der Ostsee.

Localitäten, an denen die Wasserproben geschöpft waren.	Specifisches Gewicht.	Rückstand nach dem Abdampfen bei 100°C.	Summe d. Salztheile.	Chem. Bestandtheile.				
				Schwefels. Calcium.	Schwefels. Magn.	Chlormagnesium.	Chlorkalium.	Chlornatrium.
Bar-Sund, Durchfahrt in den Skären, zwischen Helsingfors und Åbo, 59°50' n. Br., 41°15' öst. L. Nach anhaltend stillem Wetter geschöpft.	1,0064	0,7010	0,6752	0,0343	0,0240	0,0710	0,0171	0,5288
Degerby, zur Gruppe d. Ålands-Inseln gehörig, südöstl. von der grossen Insel, 60° n. Br., 38° öst. L. von Ferro. Nach anhaltend stillem Wetter geschöpft.	1,0048	0,6115	0,5895	0,0231	0,0330	0,0884	0.4350	

Localitäten, an denen die Wasserproben geschöpft waren.	Specifisches Gewicht.	Rückstand nach dem Abdampfen bei 100°C.	Summe d. Salztheile.	Schwefels.Calcium.	Schwefels. Magn.	Chlormagnesium.	Chlorkalium.	Chlornatrium.
					Chem. Bestandtheile.			
Furu-Sund, Durchfahrt durch die Stockholmer Skären, *circa* 59°30′ n. Br., 36°40′ östl. L. unter Einfluss des Wassers aus dem Mälar-See. Nach anhaltend stillem Wetter geschöpft.	1,0037	0,4920	0,4756	0,0209	0,0252	0,0601		} 0,3794
Auf der Höhe von *Nyköping* in ziemlich offener See, 59° n. Br., 35° östl. L. Nach anhaltend stillem Wetter geschöpft.	1,0060	0,7808	0,7439	0,0461	0,0291	0,0726	0,0295	0,5725
Bei *Westerwik*, 57°40′ n. Br., 34°30′ östl. L. Nach mässigem West.	1,0064	0,8338	0,7657	0,0304	0,0456	0,0719		} 0,6178
Bei *Karlskrona*, 56°10′ n. Br., 33°10′ östl. L. Nach mässigem West.	1,0090	1,2380	1,1027	0,0624	0,0183	0,1414	0,0111	0,8605
Westlich von *Malmö*, 55°30′ n. Br., 30°45′ östl. L. Bei Windstille geschöpft, aber noch unter dem Ausfluss des vorher eingetriebenen Wassers; vgl. folg. N°.	1,0134	1,7840	1,7359	0,0694	0,0958	0,1115		} 1,4697
Bei *Landskrona* am Sunde, 55°50′ n. Br., 30°41′ östl. L. Bei Windstille geschöpft nachdem früher zwei Tage lang heftiger Sturm aus SW. und dann noch einen Tag scharfer Wind in derselben Richtung geherrscht hatte.	1,0163	2,0480	1,8667	0,1708	0,0899	0,1192		} 1,5893

Als dieser Bogen in die Druckerei ging, und die
Hälfte des Aufsatzes bereits abgesetzt war, erhielt
ich durch Gefälligkeit des Herrn *Mag. A.* Goebel,
Sohn des verstorbenen Professors zu Dorpat, noch
folgende von ihm gemachte Analysen von Ostsee-
Wassern, von denen besonders die beiden letzten von
der Westseite von *Dagö* (Dagden) und *Ösel* sehr will-
kommen sein werden. Wir erhalten durch sie, im
Verein mit den Analysen von Forchhammer, erst
jetzt eine Einsicht in den Salz-Gehalt des Mittel-
Beckens, die bisher ganz fehlte.

«Ostseewasser-Analysen

«sind, wie ersichtlich, zu verschiedenen Zeiten von
«mir angestellt worden. Die grössere oder geringere
«Vollständigkeit der Analyse war abhängig von der
«Quantität des mir zu Gebote stehenden Wassers. So
«hatte ich zur Verfügung von I und III je eine grosse
«Flasche, von II 2 Flaschen und von IV 3 Flaschen.

«I. Seewasser des *Rigischen Meerbusens.* Geschöpft
vom Unterzeichneten am Strande zwischen Kau-
gern und Carlsbad c. 150 Schritt vom Ufer am
28. August n. St. 1854 Vormittags, um 11 Uhr
bei frischem Westwinde.

«II. Seewasser aus der *Bucht von Hapsal.* Geschöpft
(von einer sehr gewissenhaften Dame nach meiner Instruction) Vormittags am 24. Juli 1860,
in der Nähe einer der Badehäuser bei leisem
SW-Winde und 17° R. Wassertemperatur.

«III. Seewasser aus dem westlichen Theile der Strasse
zwischen Ösel und Dagden (*Soela* Sund), eine
halbe Stunde seewärts vom Vorgebirge Ninnas-
Pank, geschöpft vom Unterzeichneten, Abends am
20. Juni 1855 bei stillem Wetter.

8

«IV. Seewasser der hohen Ostsee, 4½ Werst jenseits des Teufelsgrundes, westlich der Waigatinseln (Klippenkranz im Westen von *Grow-Filsand*, das westlich von Osel liegt). Geschöpft von mir um Mittagszeit am 23. Juli 1855, bei unruhig wogender See und leichter SO-Brise, ein Fuss unter der Wasseroberfläche, bei 11 Faden Meerestiefe. Temperatur des Wassers um Mittagszeit + 20° R., der Luft + 23° R.»

	Ein Liter (1000 Cub. C.) Seewasser enthielten:				Zusammensetzung der Salze 100 Theilen.			
	I	II	III	IV	IV	III	II	I
Chlornatrium	4,4643	4,3771	5,4912	5,2341	76,314	77,049	74,460	77,147
Brommatrium	0,0822	0,0316					0,537	1,420
Chlorkalium	0,5011	0,0767	0,1397	0,1159	1,690	1,875	1,304	8,659
Chlormagnesium		0,7239	0,7817	0,8002	11,668	10,967	12,314	
Schwefelsaure Magnesia	0,2394	0,3186	0,3873	0,2832	4,129	5,434	5,419	4,137
Schwefelsaurer Kalk	0,3509	0,2806	0,3282	0,4020	5,862	4,605	4,773	6,064
Kohlensaurer Kalk	0,0473	0,0294					0,500	0,817
Kohlensaure Magnesia	0,0738	0,0403					0,685	1,275
Kohlensaures Eisenoxydul	0,0067	Spur					Spur	0,116
Kieselerde	0,0211	0,0005	0,0050	0,0230	0,337		0,008	0,365
Organische Substanz	Spur	Spur	Spur	Spur	Spur			
	5,7868	5,8787	7,1271	6,8685	100,000	100,000	100,000	100,000

Den 4. Juni 1861.

Ad. Goebel.

In der nachfolgenden Zusammenstellung der mir
bekannt gewordenen Analysen vom Ostsee-Wasser
gebe ich wieder nur die Summe des Salzgehaltes, weil
eines Theiles die Variation in den Verhältnissen der
einzelnen Salze doch nicht sehr gross ist, und, auch
wo sie augenscheinlich wird, ihre Wirkung uns noch
entgeht. Goebel *sen.* bemerkt ausdrücklich, dass im
Finnischen Meerbusen das relative Verhältniss der
Kalk-Salze und der Kali-Salze grösser ist als in der
westlichen Extremität, wo dagegen ein grösserer Gehalt an Talkerde-Salzen sich zeigt [40]). Nichts desto-
weniger sind alle Schaalenbildungen im Finnischen
Meerbusen viel geringer, doch wohl weil die absolute
Quantität der Kalk-Salze eine geringe ist, und überhaupt das Leben der marinen Formen im Finnischen
Meerbusen auf ein Minimum herabsinkt und im Osten
ganz aufhört. Die vollständigen Analysen kann man
in den unten angegebenen Quellen finden [41]). Die Zeit-
Angaben sind nach neuem Styl.

40) Goebel: Das Seebad bei Pernau. S. 58.
41) Die früheren Analysen von Marcet, Pfaff, Link, Lichten-
berg und Seetzen für *Düsterbrook, Travemünde, Dobberan, Zoppot*
und *Dubbeln* findet man in Goebel's inhaltsreicher Schrift «Das
Seebad bei Pernau an der Ostsee, Dorpat und Leipzig 1858. 8.»
nebst seinen eigenen des Wassers bei *Pernau, Hapsal* und *Reval* mit
Angabe der einzelnen Bestandtheile zusammengetragen. Diese Ta-
belle ist wiederholt im 1. Hefte des «Archiv des Vereins der
Freunde der Naturgeschichte in Mecklenburg». Im zweiten Hefte
derselben Zeitschrift findet sich S. 102 die Analyse des Wassers
von *Dievenow* aus einer Quelle (Beiträge zur Kunde Pommerns,
Heft 12), welche zu vergleichen ich nicht Gelegenheit habe, was
ich um so mehr bedauere, da die Salz-Menge hier ganz unerwartet
gross angegeben wird, nämlich 120,2 Gr. in 16 Unzen. Das gäbe
über 15 p. m. Salz-Gehalt, und zwar unter dem Einflusse des Oder-
Wassers. Sollte hier nicht eine Irrung sich eingeschlichen haben?
Ich finde einen Ort *Dievenow* nur auf der Insel Wollin, also nicht
gar weit von Zoppot. Sollte es noch einen Ort dieses Namens westlich von Rügen geben, so wäre dieser Salz-Gehalt nicht so auffällig.
Ist aber der Ort auf Wollin gemeint, so müsste das Wasser nach
langer Einströmung von Westen her geschöpft sein. Da ich das
Original nicht vergleichen kann, habe ich die Analyse lieber ganz
weggelassen. Die Analysen Forchhammer's finden sich, wo kein
weiterer Nachweis gegeben ist, in seinem oben öfters genannten
Buche *Sövandets Bestanddele*. H. Struve's und Ad. Goebel's Analysen haben wir soeben speciel mitgetheilt.

In die Karte sind nur diejenigen Zahlen eingetragen, welche dem mittleren Salzgehalte nahe zu kommen scheinen.

Salz-Gehalt des Wassers der Ostsee aus verschiedenen Gegenden und zu verschiedenen Zeiten.

In 1000 Theilen Wasser.

Localitäten, aus denen das Wasser geschöpft wurde.	Umstände, unter denen es geschöpft wurde.	Salz-Gehalt.	Beobachter.
A. *Aus der westlichen Extremität.* 1) Im Sunde bei *Helsingör.* *a)* An der Oberfläche........	Vom 17. April bis zum 11. Sept. α) bei der Strömung aus dem Kattegat nach 24 Beobachtungen. 　　　Maximum........ 　　　Minimum........ 　　　Im Mittel........ β) bei der Strömung aus der Ostsee nach 86 Beob. 　　　Maximum........ 　　　Minimum........ 　　　Im Mittel........ γ) ohne Strömung nach 24 Beob. 　　　Maximum........ 　　　Minimum........ 　　　Im Mittel........	 23,8 10,0 16,0 19,35 8,0 11,8 17,8 8,7 11,3	Forchhammer (*Oversigt over det d. Vidensk. Selsk. Forhandl.* 1858, p. 62).

b) In der Unterströmung..... in derselben Zeit nach 19 Beob.	Maximum........	23,3	Forchhammer (*Oversigt over det d. Vidensk. Selsk. Forhandl.* 1858, p. 62).
	Minimum........	8,9	
	Im Mittel......	19,0	
2) Bei *Kopenhagen*.........	Am 4. October......	10,9	Forchhammer.
a) an der Oberfläche......	Vom 3. bis 20. October im Mittel	15,8	Forchhammer. (*Oversigt over det d. Vidensk. Selsk. Forhandl.* 1858, p. 62).
b) in der Tiefe........	In derselben Zeit im Mittel...	17,5	
		18,9	H. Struve.
3) Bei *Landskrona* im südl. Theile des Sundes, an der Schwed. Küste.	Beide Proben nach anhalten- dem Einströmen aus d. Kat-		H. Struve.
4) Bei *Malmö*, an der Süd-West- Spitze von Schonen.	tegat geschöpft im Sept.	17,4	H. Struve.
5) Bei *Düsterbrook* a. d. Kieler Bucht		17,1	Pfaff.
6) Bei *Travemünde*		16,4	Marcet.
7) Bei *Dobberan* in Mecklenburg		16,8	Link.
B. Aus dem grossen Becken.			
8) Bei *Zoppot* unweit Danzig.....		7,5	Lichtenberg.
9) Zwischen *Hammerhuus* auf Born- holm u. *Sandhammar* (auf Scho- nen).	Am 29. Juni, nachdem der Wind zwei Tage aus NNO. geweht hatte.	7,5	Forchhammer.
10) Bei *Karlskrona* an der Stadtküste von Schweden.	Sept.	11,0	H. Struve.
11) Bei *Westervik* in Schweden circa 57°46' Br.	Sept.	7,7	H. Struve.

Localitäten, aus denen das Wasser geschöpft wurde.	Umstände, unter denen es geschöpft wurde.	Salz-Gehalt.	Beobachter.
12) Bei *Nyköping* in Schweden, ausserhalb der Skären.	Aug.	7,4	H. Struve.
13) Zwischen *Oeland* und *Gothland*.	Am 1. Juli nach starker Brise von O.	7,3	Forchhammer.
14) Aus der *Mitte des grossen Beckens*, unter 58°27' Br. u. 37°40' L.	Am 21. Mai.	7,1	Forchhammer.
15) Aus dem grossen Becken westl. von *Oesel* und d. Filsands-Inseln.	Am 23. Juli, bei wogender See und leichtem SO.	6,9	Goebel jun.
16) Zwischen *Oesel* und *Dagö*, südl. von Dagerort.	Am 20. Juni bei stillem Wetter.	7,1	Goebel jun.
17) Vor dem Eingange in den Finnischen Busen, NW. von Dagerort.	Am 15. Juli, starke Brise von NNO.	6,9	Forchhammer.
18) Bei *Pernau* in Livland.	Am 15. Aug., bei starkem SW. (Daher der Einfluss des Rigischen Busens und des Pernau-Flusses gemindert)	6,2	Goebel sen.
19) Bei *Dagerby*, der südlichsten der bewohnten Alands-Inseln.	Im Aug. nach langer Stille.	5,9	H. Struve.
20) Im *Faru*-Sund, Einfahrt gegen Stockholm.	Im Aug., etwas tief im Sunde unter Einfluss d. Mälar-Wassers.	4,8	H. Struve.

C. Aus dem Rigischen Meerbusen.

21) Bei *Dubbeln*, zwischen Riga und Mitau am Strande, circa 41°32' L.	....	5,7	Seetzen.
22) Etwas weiter westlich, zwischen Kaugern und Karlsbad.	Am 6. Aug. bei frischem W...	5,8	Goebel jun.

D. Aus dem Finnischen Busen.

23) Bei *Hapsal* in Estland.......	Am 8. September, nach starkem nächtl. NW.-Sturme.	6,4	Goebel sen.
Ebendaselbst..........	Am 24. Juli bei leisem SW...	5,9	Goebel jun.
24) Im *Bar-Sund* an der Finnischen Küste, westl. von Helsingfors, circa 59°51' Br. u. 41°15' L.	Im Aug. nach anhaltend. Stille.	6,7	H. Struve.
25) Bei *Reval*...........	Am 17. Aug. bei frischem NO.	6,25	Goebel sen.
26) Zwischen *Hogland* u. Kl.-Tütters, circa 59°55' Br. und 44°40' L.	Am 4. Juli, Wind NW. + W..	4,76	Forchhammer.
27) Bei *Chudleigh* in Ehstland, circa 45°20' L.	Im Sommer, fast Windstille, 80 Fuss vom Ufer.	4,44	Prof. Schmidt(Archiv f. d. Naturkunde Liv-, Ehst- u. Kurlands. 1ste Serie, Bd. I, S.107).
28) Zwischen *Nervö* und *Seskär*....	Am 4. Juli, NW t W......	3,55	Forchhammer.
29) ½ Meile westl. von *Kronstadt*..	Am 24. Mai........	0,74	Forchhammer.
30) Kauffahrtei-Hafen von Kronstadt	....	0,61	Forchhammer.

6. Qualification der Russischen Küsten an der Ostsee für die Austern-Zucht.

Wir haben in dem vorhergehenden Abschnitte eine Übersicht des Salz-Gehaltes des Ostsee-Wassers in verschiedenen Gegenden so vollständig mitgetheilt, als die bekannt gewordenen oder mir gefälligst unmittelbar mitgetheilten Analysen erlaubten. Wir haben auch Winke über die allgemeine Productivität des Meeres in verschiedenen Gegenden und die Eisbildung in demselben gegeben, um jetzt desto kürzer die Qualification der Russischen Küsten für die Austern-Zucht zu besprechen.

Was zuvörderst den Salz-Gehalt anlangt, den die Auster zu ihrer Existenz braucht, so haben wir gehört, dass an der Küste der Krym mit etwas mehr als 17$\frac{1}{2}$ p. m. die Auster noch besteht, aber in verkümmertem Zustande. Darnach könnte man glauben, dass in der westlichen Extremität der Ostsee noch Austern vorkommen müssten, da man im Wasser der Kieler Bucht 17,1 p. m. Salz gefunden hat und gegen die Belte hin der Salz-Gehalt wohl zunehmen wird. Dennoch habe ich nirgends die Anzeige finden können, dass auch nur in verkümmertem Zustande und für die Feinschmecker ungeniessbare Austern dort leben. Allerdings haben die Dänischen Naturforscher in diesem Winkel viel weniger Untersuchungen angestellt, als im Sunde (Oersted) und in der Nordsee. Allein Austern zu finden ist auch jeder Fischer befähigt. Die Auster scheint überhaupt viel weniger sich ungünstigen Verhältnissen anpassen zu können, als manche andere Schaalthiere, z. B. die Herzmuschel und die

Miessmuschel, von welchen die erstere au flachen
Stellen der Ostküste des Kaspischen Meeres bei grossem Übermaass von Bittersalz gedeiht, und im Finnischen Meerbusen zuletzt die Grösse einer gewöhnlichen Erbse hat, und die letztere so klein wie ein
Cedernüsschen ist. Noch veränderlicher in der Grösse
fand ich eine andere Muschel des Kaspischen Meeres,
Cardium trigonum. Da nun die Dänischen Berichte
übereinstimmend angeben, dass die Auster zu unserer Zeit noch vor den drei Ausmündungen der Ostsee aufhöre, so muss man sich fragen, worin der
Grund liegt, dass sie nicht weiter geht. Der mittlere
Salz-Gehalt wird in den Belten wohl nicht unter $17\frac{1}{2}$
p. m. sein, und im Sunde hat die Unterströmung
durchschnittlich 19°. Es scheint offenbar, dass der
Grund ganz einfach im Wechsel des Salz-Gehaltes zu
suchen ist. So wie es einem Thiere nichts helfen
kann, dass der durchschnittliche Gehalt der Luft
an Sauerstoffgas und Kohlensäure in einer Localität
vollkommen genügend ist sein Leben zu erhalten, es
aber doch ersticken muss, wenn auch nur zu Zeiten
die Kohlensäure sich bedeutend mehrt und das freie
Sauerstoffgas abnimmt, so muss es auch den Thieren
gehen, welche zu ihrem Lebens-Processe einen gewissen Salz-Gehalt in dem Wasser nöthig haben um zu
leben. Das Absterben wird nur etwas langsamer er-
folgen. Nun haben wir durch Forchhammer erfahren, dass im Sunde in den oberflächlichen Schichten
der Salz-Gehalt zuweilen bis 8 *p. m.*, und selbst in
den tiefern Schichten bis 9 *p. m.* sinkt, wobei die
Austern nicht bestehen können.

Dass es in dieser westlichen Extremität an Nah-

9

rungs-Stoff für die Austern fehlen sollte, ist mir durchaus unwahrscheinlich. Schon das phosphorescirende Leuchten lässt eine grosse Anzahl kleiner Thierchen vermuthen, die auch zum Theil bekannt sind, und bei der Mannigfaltigkeit der thierischen Bewohner dieser Gegend kann es nicht an vielfacher Brut fehlen, welche den Austern zur Nahrung dienen könnte. Ob solche Brut zu jeder Jahreszeit zu haben ist, weiss ich nicht, aber da andere Schaalthiere gut gedeihen und gross werden, die doch im Allgemeinen dieselbe Nahrung consumiren, kann ich im Mangel der Nahrung kein Hemmniss in der Verbreitung der Austern in diese Gegend vermuthen.

Eher könnte der Eisrand im Winter ein Hinderniss sein, besonders da er zu Zeiten, wenn auch selten, sehr breit wird.

Im grossen Becken der Ostsee ist schon der Salz-Gehalt so gering, dass man auf kein Gedeihen der Austern, die jedenfalls wenig Adaptions-Fähigkeit besitzen, rechnen kann. Hier erwarte ich aber auch eine genügende Production organischer Stoffe in Form kleiner Organismen nur da, wo ein verhältnissmässig reichlicher Stand von Tangen ist, von deren Secretion wieder kleine Thiere leben, wie an der felsigen Küste Schwedens, und vielleicht Rügens, das ich gar nicht kenne. An sandigen Küsten habe ich eine starke Reproduction der organischen Stoffe nur an ganz flachen und also erwärmten Stellen bemerkt. Aber sehr flache Stellen sind in diesen Gegenden für Austern nicht brauchbar, weil sie von der Eisbildung ganz ergriffen werden. Es scheint, dass die felsigen Küsten Schwedens, an denen die Tiefe schnell zunimmt, noch am meisten Aussicht auf Ernährung der Austern gewährten, wenn der geringe Salz-Gehalt des Wassers nicht ein Hinderniss wäre. Es ist auch wohl nicht zu bezweifeln, dass hie und da an diesen Küsten der Versuch schon gemacht ist, Austern zu pflanzen. Man pflegt nur von solchen Versuchen, wenn sie misslingen, zu schweigen. Weiss ich doch aus eigener Erfahrung, dass im Jahre 1825 ein Königsberger Arzt, als Berichte aus England vom Verpflanzen der Austern in See-Buchten sprachen, und diese in der Deutschen Übersetzung ungeschickt nur «Seen» genannt wurden, in einen ihm gehörigen Land-See Austern setzen liess, die ohne Zweifel in wenig Stunden todt waren. Ich zweifle also gar nicht, dass man auch an der Ostküste Schwedens schon Versuche gemacht haben wird, Austern zu verpflanzen. Da aber keine Austern da sind, werden sie nicht gelungen sein. In der Akademie zu Stockholm ist diese Frage im Jahre 1743 öffentlich verhandelt worden.

Von *Libau*, dem westlichsten Punkte des Russischen Reiches, kenne ich zwar keine Wasser-Analyse, aber da das Wasser des nach SW von Libau gelegenen *Zoppot* nur $7\frac{1}{2}$ *p. m.* Salz-Gehalt gezeigt hat, damit übereinstimmend die Analysen des Wassers zwischen Öland und Gothland und aus der Mitte des grossen Beckens noch weniger gegeben haben, so kann man überzeugt sein, dass der Salz-Gehalt des Wassers bei Libau auch nur wenig mehr als 7 *p. m.* sein kann. Dazu kommt noch der ungünstige Sandboden. Auf Sandboden können Austern allerdings leben, und wenn man feste Objecte künstlich einpflanzt, sich reichlich vermehren. Aber damit bei Stürmen nicht

alle diese Gegenstände losgerissen und die Austern
von Sand überschwemmt werden, muss eine schützende
Insel die Austernbank decken. Eine solche fehlt bei
Libau ganz. Es ist nicht nöthig, nachzuweisen, dass die Seiten-
Buchten, die Finnische u. s. w., für die gewöhnliche
Pflege der Austern noch weniger geeignet sind, da der
Gehalt an Salztheilen nicht nur geringer, sondern
auch wechselnder ist als im grossen Becken.

7. Ein Wort über Austern-Pflege überhaupt.

Die Versuche, die man neuerlich in Frankreich gemacht hat, erschöpfte Austern-Bänke zu reinigen, oder
in andern Gegenden den Austern bessere Ansatz-
punkte zu schaffen oder sie zu verpflanzen, scheinen
bei uns einen Eindruck gemacht zu haben, als ob die
Austern-Pflege — so wollen wir überhaupt die Sorge
für das Gedeihen der Austern benennen — eine neue
Kunst wäre, und eine weitere Ausbildung der Methode der künstlichen Befruchtung der Fische. Es ist
daher wohl nicht überflüssig, mit einigen Worten zu
bemerken, dass die gewöhnliche Austern-Zucht, oder
Austern-Pflege ungemein alt ist, sehr allgemein an-
gewendet wurde und noch wird, nicht etwa so wie
die künstliche Fisch-Zucht, die fast vor einem Jahrhunderte begann, und an einigen Orten, z. B. in Baiern,
zwar fortgesetzt wurde, aber in so kleinem Maassstabe und mit so wenig Aufsehen, dass die neueren
Versuche in Frankreich längere Zeit als erste und
nicht erhörte vom grossen Publicum angestaunt wurden, während die künstliche Befruchtung an Fröschen
seit einem Jahrhundert vielleicht von jedem Natur-

forscher, der die Entwickelung dieser Thiere beobachten wollte, und in neuerer Zeit auch die Befruchtung der Fischeier nicht selten von Naturforschern
vorgenommen war, z. B. von Rusconi und Vogt für
ihre Untersuchungen. Eine künstliche Befruchtung ist bei den Austern
gar nicht erforderlich, und könnte nur zerstörend
wirken, denn die Austern sind hermaphroditisch.
Die Austern-Pflege ist aber schon 2 Jahrtausende
alt. Plinius sagt sehr bestimmt, dass Sergius Orata,
ein Mann, der vor dem Marsischen Kriege (also wohl
ein Jahrhundert vor Christo) lebte, die ersten Au-
stern-Bassins angelegt habe, und zwar in grossem
Maasstabe, um sich zu bereichern. Sie wurden bald
ganz allgemein, da die spätern Römer den Tafelfreu-
den sehr ergeben waren und die See-Austern an den
Küsten Italiens, wie wir oben berichteten, weniger
schmackhaft sind als Austern aus einem mehr gemilderten Wasser. Es wäre möglich, dass die Austern-
zucht noch älter ist, denn schon in den Werken des
Aristoteles wird einer Versetzung von Austern er-
wähnt, wie einer bekannten Erfahrung, doch ohne
darauf Gewicht zu legen, und nur im Vorbeigehen [42]).
Dagegen war in der Zeit der Römischen Kaiser die
Austern-Zucht ein wichtiger und vielbesprochener
Gegenstand der Oekonomie.

Seit den Zeiten der Römer ist die Austern-Zucht

---

42) *Plinius*, *H. N.*, *LIX*, c. 79. — Einige Schriftsteller behaupten, dass die künstliche Austern-Zucht in Aristoteles Schriften
vorkomme, ohne die Stelle zu citiren. Ich kann nur in dem Buche
de generatione animalium, III, am Schlusse, eine unbestimmte Andeu-
tung finden.

wahrscheinlich nie verloren gegangen, obgleich wir
aus dem Mittelalter wenige Nachrichten darüber haben. Das kommt nur daher, dass die Naturwissen-
schaften sehr vernachlässiget wurden und man nur
etwa von grossen Jagdthieren gelegentlich sprach.
Die Schriftsteller waren zum grossen Theile Geist-
liche, welche ausser den Schicksalen der Kirche auch
die Thaten der Fürsten oder einbrechender Feinde
beschrieben. Aber die Mönche waren dabei sehr
eifrige Verpflanzer von Thieren, welche zur Fasten-
zeit als Nahrung dienen konnten. Das hat man ihnen
in neuester Zeit in Bezug auf die grössern Land-
schnecken und auf viele Fische, z. B. Karpfen nachgewiesen. Auch das sogenannte «Säen der Austern»,
oder das Aussetzen junger Brut an Stellen, wo sie
vorher fehlten, muss nicht aufgehört haben, denn
Pontoppidan berichtet, es gehe in Dänemark die
Sage, die Austern-Bänke an der Westküste Schleswigs seien im Jahre 1040 künstlich bepflanzt. Obgleich diese Sage wohl nicht begründet sein mag,
denn die Austern konnten sich ganz natürlich hierher
verbreiten, da wir mit Sicherheit wissen, dass in viel
älterer Zeit Austern an den Dänischen Küsten waren,
so lehrt doch die Sage, dass dem Volke die Vorstel-
lung von künstlicher Austernverpflanzung keinesweges fremd war. Im Hellespont und um Konstantinopel
«säete» man nach den Berichten mehrerer Reisenden
des vorigen Jahrhunderts Austern. Die Türken haben
diese Sitte sicher nicht eingeführt. Sie wird also wohl
noch von der Zeit der Byzantiner sich erhalten haben.
Auch sagt Petrus Gyllius, ein Schriftsteller des
16. Jahrhunderts, der eine ausführliche Beschreibung

des *Bosporus Thracicus* herausgegeben hat, dass man dort seit unbekannten Zeiten Austern pflanze. Dass die Austern-Zucht im Westen nie ganz aufgehört habe, geht aus einem Gesetze hervor, das im Jahre 1375 unter Eduard III. gegeben wurde, und welches verbot, Austern-Brut zu jeder andern Zeit zu sammeln und zu versetzen als im Mai. Zu jeder andern Zeit durfte man nur solche Austern ablösen, die gross genug waren, dass ein Schilling in den Schaalen klappern konnte.

Man fand daher, als die naturhistorische Literatur wieder erweckt wurde, und besonders als man anfing, nicht allein die alten Schriftsteller zu copiren, sondern die Vorkommnisse in der eignen Umgebung zu beschreiben, dass fast überall, wo Austern gedeihen und ihr Fang einen Gegenstand des Gewerbes bildete, man auch mehr oder weniger Sorgfalt auf Verpflanzung, Hegung und Erziehung verwendete. Am meisten geschah das, wie es scheint, in England, wenigstens lassen sich aus England am meisten Nachrichten darüber sammeln. Die stark anwachsende Hauptstadt, in welcher sich aus allen Meeren die Geldmittel sammelten und der Luxus sich entwickelte, hatte bald den Austern einen so guten Absatz verschafft, dass man darauf bedacht war, in der Nähe immer einen gehörigen Vorrath zu haben, sie aus weiterer Ferne brachte und zur Seite der Themse-Mündungen künstliche Bänke von ihnen anlegte. Da es sich nun fand, dass bei einer Milderung des Seewassers durch mässigen Zutritt von Flusswasser die Austern bei den Kennern noch beliebter wurden, so wird diese Art halbkünstlicher Austern-Zucht, deren

Ursprung man nicht sicher anzugeben weiss, obgleich die Austern-Fischer von *Kent* und *Sussex* behaupten, dass ihre Vorfahren um das Jahr 1700 diese künstlichen Bänke angelegt haben, jetzt in sehr grossem Maasstabe getrieben. Man bringt die Austern aus dem Süden und aus dem Norden in die Nähe der Mündungen der *Themse* und des *Medway*, um sie auf den künstlichen Bänken einige Zeit zu mästen. Allein aus dem Meerbusen, an welchem Edinburg liegt, aus dem *Frith of Forth*, bringt man jetzt, wie Johnston[43]) berichtet, 30 Ladungen, jede zu 320 Fässern und jedes Fass mit 1200 verkäuflichen Austern, also 11,520,000 St. in diese künstlichen Fütterungsanstalten. Wie viele mögen von den Inseln *Guernsey* und *Jersey* kommen, wo der Fang am ergiebigsten ist?[44]) Forbes meint, der Bedarf für London komme grösstentheils von diesen künstlichen Betten. Um zu erfahren, wie gross die jährliche Zufuhr nach London sei, stellte er Erkundigungen an. Die Abschätzungen fielen ziemlich übereinstimmend auf das Quantum von 130,000 *bushels* (22,515 Tschetwert, d. i. über 80,000 Berl. Scheffel) wovon etwa $\frac{1}{4}$ weiter ins Land oder ausser London verschickt, und $\frac{3}{4}$ von den Bewohnern Londons verzehrt wird[45]).

In den Jahren 1774—1777 sollen die Engländer eine grossartige Versetzung Französischer Austern nach

43) Johnston: Einleitung in die Conchiologie, S. 29.

44) An diesen Inseln fängt man jährlich wenigstens 800,000 Tonnen, jede zu 2 *bushels*, d. h., 277,000 Tschetwert (1 Mill. und 60,000 Berl. Scheffel) und in manchen Jahren zwei bis drei mal so viel. Ueberhaupt ist diese Gegend des Kanals, um die genannten Inseln und in der Bucht *Cancale* für die Austern-Fischerei am ergiebigsten. Forbes, *history of British Mollusca, II*, p. 317.

45) Forbes, p. 316.

der Englischen Küste und zwar nach der Insel *Wight*
und dem gegenüberliegenden Ufer unternommen haben, die aber nicht den Erwartungen entsprach [46]).
Schon früher aber und zwar um das Jahr 1700 soll
man Austern in den Kanal, der zwischen der Insel
Man und dem nördl. Wales sich befindet, versetzt haben, und dort, wo früher keine Austern gewesen sein
sollen, ist jetzt ein ziemlich ansehnlicher Fang.

Noch weniger war in Frankreich das Anlegen von
Austern-Bänken unbekannt vor Coste. Bory de St.
Vincent hielt im J. 1845 in der Pariser Akademie
einen Vortrag über die Nothwendigkeit neue Bänke
anzulegen. Er versichert, dass er selbst unerschöpf-
liche Bänke angelegt habe. Vor ihm hatte ein Herr
Carbonnel ein Patent erhalten für eine neue und einfache Methode Austern-Bänke an der Französischen
Küste anzulegen. Er soll dieses Patent einer Gesellschaft für 100,000 fr. verkauft haben [47]). Die Parks
waren lange vorher im Gebrauch.

Von diesen durch Versetzung angelegten Bänken
sind die Parks zu unterscheiden, kleine künstlich an-
gelegte flache Bassins, die verschieden gebaut sein
können, denen man aber gern einen in der Mitte rin-
nenförmig vertieften und zu beiden Seiten geneigten
Boden giebt, damit der Schleim, den die Austern ab-
sondern, nach der Mitte abfliessen kann. Auf die geneigten Seiten des Bodens werden die gefangenen Austern gelegt, und mit wenigem Seewasser überdeckt
gehalten, um sie leicht bei vorkommender Gelegenheit fassen zu können. Das Ende der Parks ist gegen

---

46) Pasquier.
47) *Comptes rendus de l'Académie*, *XXI*, p. 377.

das Meer abgeschlossen, aber so, dass man durch eine
Schleuse das Meerwasser einlassen kann, was entweder täglich, oder nur ein Paar mal im Monat geschieht; letzteres namentlich, wenn man grüne Austern ziehen will, die in Frankreich immer noch sehr
beliebt sind, in England aber nicht mehr, wie Eyton
versichert. Man würde sehr irren, wenn man glaubte, dass die
Austern, welche man in Paris und London zu jeder
Jahreszeit speisen kann, unmittelbar aus dem Meere
kommen. Sowohl in Frankreich als in England ist es
verboten in den Monaten Mai, Juni, Juli und August
die allgemeinen Austernbänke zu befischen und man
soll streng auf die Beobachtung dieses Gesetzes halten, damit die junge Brut Zeit hat heranzuwachsen,
ohne gestört zu werden so lange die Schaale noch
dünn ist. Man hat also künstliche Parks angelegt,
welche man vor der verbotenen Zeit mit Austern
füllt und aus denen man von Zeit zu Zeit Sendungen
nach Paris und andern Städten macht. Diese Parks
sind an den Küsten Frankreichs sehr zahlreich und
bilden einen eigenen Industriezweig. Ähnliche Parks
sind auch in vielen Gegenden Englands. Ausserdem
besetzt man kleine Seebuchten als Privat-Besitz für
die Austern-Zucht. In Holland wurden die aus dem
Meer kommenden Austern in den Zirik-See verpflanzt,
aber jetzt sollen auch in diesem Lande viele künstliche Parks bestehen. Sie werden überhaupt jetzt
ziemlich allgemein verbreitet sein, denn ich finde, dass
sie auch in Corsika nicht fehlen. Dass zwischen diesen kleinen künstlich ausgegrabenen Parks und den
im Meere künstlich angelegten Bänken eine Menge

Abstufungen sind, lässt sich leicht errathen. Wo See-
buchten von der Natur schon mehr abgesondert vom
Meere sind, wird diese Absonderung in England gern
zur Austern-Zucht benutzt.

Auch an polizeilichen Maasregeln hat es nicht ge-
fehlt, da sie sich als nothwendig herausstellten, weil
die unbeschränkte Befischung jede Bank zu leicht
ruiniren muss. Die Vermehrung ist zwar übergross,
aber wenn man auf den seichten Bänken unausgesetzt
fischt oder vielmehr dragt, d. h. eiserne Rahmen mit
einem Netze darüber hinzieht, so können sich die
jungen Austern nicht entwickeln. Eine Auster muss
aber wenigstens vier Jahr alt werden, auf manchen
Bänken 5—7, um gut verkäufliche Austern zu geben.
Man hat daher sowohl in England als in Frankreich
schon lange die Nothwendigkeit eingesehen, wenigstens von der Zeit an, in welcher das Laichen beginnt, das Draggen zu verbieten, damit die Jungen
nicht sogleich zerquetscht werden. In England begann
die verbotene Zeit früher vom 12. April und hörte
im Laufe des Augusts wieder auf. Man hat sich aber
jetzt durch einen internationalen Act mit Frankreich
geeinigt, während der vier Monate Mai, Juni, Juli und
August, jede Störung der Austern-Bänke zu verbieten.
Ganz abgesehen von dieser permanenten Maassregel
hat man in Frankreich solche Austern-Bänke, die
stark erschöpft waren, ein oder 2 Jahre unberührt
gelassen und gefunden, dass sie sich wieder gut be-
völkerten.

So wenig Wahrscheinlichkeit vorhanden ist, dass
an irgend einem Puncte der Russischen Ostseeküste
die Austern-Pflege gelingen werde, so könnte doch

vielleicht ein ganz anderer Küstenstrich des Russischen Reiches dazu geeignet sein, — nur fehlt hier
die Nähe einer grossen Stadt. Ich meine das Weisse
Meer. Der Salz-Gehalt wird, entfernt von der Bucht
von Archangel, sicher hinlänglich sein, denn im
nördlichen Theile des Weissen Meeres sieht man Seesterne und mancherlei andere Thiere, die einen bedeutenden Salz-Gehalt nachweisen. Analysen des
Wassers sind nicht gemacht. Ein Bedenken aber
kann die breite und andauernde Eisdecke erregen.
Wir haben oben gesehen, dass man noch nicht weiss,
in wie weit eine solche Eisdecke hindern kann. Es
wäre aber auch nicht räthlich den Versuch im südlichen Theile des Weissen Meeres zu machen, wo die
Eisdecke, wegen der Beimischung des Wassers aus
der Dwina, sehr breit ist. Aber bei *Tri Ostrowa*, an
der Ausmündung des Meeres in den nördlichen Ocean,
wo Fluth und Ebbe ungemein stark wirken, wird diese
Decke weder breit noch anhaltend sein. Ueberdies
ist hier der Grund felsig, und die reiche Vegetation
von Tangen daselbst ist auch von zahlreichen Thieren
aller Art bewohnt. An Nahrung würde es also wohl
nicht fehlen, wenigstens in der wärmern Jahreszeit
nicht. Aber wer soll die Austern verzehren, um den
Versuch lohnend zu machen? Nach Archangel würden sie freilich völlig lebendig ankommen, aber diese
Stadt hat nur wenig begüterte Bewohner und die andern Städte am Weissen Meere sind gar nicht in Anschlag zu bringen. Es käme auf den Versuch an, wie
weit man die Austern im Winter in Schnee verpackt
verführen kann. Noch vor der Existenz der Eisenbahnen brachte man aus Triest Austern in Schnee

verpackt nach Wien in grosser Zahl. In Italien war das Versenden in Schnee schon zur Zeit der Römer in Gebrauch. Es wird sogar berichtet, dass der grosse Küchen-Künstler Apicius dem Kaiser Trajan nach Mesopotamien Austern in frischem Zustande in künstlich dazu vorgerichteten Gefässen geschickt habe. So erzählt Athenäus. Allein dazu würde eine solche Masse Eis und umhüllender schlechter Wärmeleiter erforderlich sein, dass man dieser Angabe wohl nicht Glauben schenken darf. Die luftdichte Absperrung könnte die Verderbniss wohl sehr aufhalten, aber schwerlich ganz hindern. Es würde in den Schaalen immer eine Quantität Luft bleiben, die eine Zersetzung einleiten würde. Ich habe in Triest einige Muscheln mit Seewasser in ein Blechgefäss hermetisch verschliessen lassen, allein sie kamen hier in voller Zersetzung an. Ausgekocht war das Wasser freilich nicht, wie man es mit den hermetisch verschlossenen Speisen macht.

8. Wahre künstliche Austern-Zucht.

Nach den mehrfach wiederholten Aeusserungen bin ich nicht in Zweifel, dass eine gewöhnliche Austern-Pflege im offenen Meere an unsren Ostsee-Küsten nicht gelingen kann. Dennoch halte ich es gar nicht für unmöglich, dass wir unsre Austern selbst ziehen könnten, und zwar an den Küsten der Ostsee, denn der Haupt-Absatz würde sich doch immer in Petersburg und an den Orten finden, die durch Eisenbahnen mit dieser Hauptstadt in Verbindung stehen. Wir müssten es aber so machen, wie mit der künstlichen Zucht von Pfirsichen und Apricosen oder Wein, das heisst, man müsste die Verhältnisse, welche die Auster für ihr

Gedeihen nöthig hat, künstlich erzeugen. Allerdings weiss ich nicht, ob irgend wo ein Versuch dieser Art gemacht ist, allein dass er sich machen lässt, springt in die Augen, in einigen Gegenden leichter, in anderen schwerer und deshalb mit grösseren Kosten, die vielleicht sich so hoch belaufen können, dass eine solche Zucht sich nicht belohnen würde. An der Küste des Schwarzen Meeres z. B. müsste es, wie ich glaube, nicht sehr schwierig sein, grössere und fettere Austern zu ziehen, als das Meer da giebt, und Odessa würde die Kosten wohl gut bezahlt machen. Man darf sich mit Recht wundern, dass der Versuch noch nicht unternommen ist.

Fassen wir die einzelnen Bedürfnisse ins Auge, und zwar in Bezug auf unsere Ostsee, so wird sich freilich finden, dass hier das Unternehmen sehr viel schwieriger wäre, besonders da noch nicht alle Bedürfnisse der Austern gehörig bekannt sind.

Was zuförderst den nothwendigen Salz-Gehalt des Wassers anlangt, so ist dieser leicht zu beschaffen; zwar mit nicht unbedeutenden Kosten für die erste Anlage, aber mit sehr geringen für den ferneren Betrieb. Auf dieselbe Weise, wie man eine schwache Salzsoole concentrirt und sogar zum Krystallisiren bringt, kann man auch das Meerwasser salzreicher machen, durch Verdunstung nämlich. Man gräbt also ein Paar flache Bassins, und lässt in das erste Meerwasser im Frühling einströmen, und wenn es die nöthige Concentration erlangt hat, lässt man es in das zweite Bassin ab, in welchem die Austern gehalten werden. Wenn in Folge eines warmen Sommers das Wasser in diesem zweiten Bassin zu salzreich würde, könnte man es immer durch Zufluss aus dem ersten in der passenden Concentration halten.

Bis dahin scheint die Sache nicht eben schwierig, und hätten wir immer Sommer, so würde ich sie in der That für leicht halten, aber unser nasser Herbst und schneereicher Winter würden das concentrirte Seewasser des Bassins sehr diluiren. Damit das meteorische Wasser nicht aus der Nachbarschaft zusammenfliesse, müssten die Bassins erhöhte Ränder haben und allenfalls auch umgebende Gräben, das zusammenfliessende Wasser aufzufangen. Auf die normale Masse des Niederschlages in unsern Breiten kämen wir doch nicht, denn unsere liebenswürdigen Schneetreiben im Winter würden in unsern Austern-Parks, wenn sie nicht überdeckt sind, doch mehr Schnee sammeln, als durchschnittlich niederfällt. Ich würde rathen, entweder noch ein drittes Bassin mit sehr salzreichem Wasser von 5 bis 10 Proc. Salz-Gehalt anzulegen, um aus diesem, wenn das Wasser im Austern-Bassin zu sehr diluirt ist, es verstärken zu können, oder was wohl viel leichter wäre, eine Quantität See-Salz vorräthig zu halten, um im Augenblicke des Bedarfs durch Zuthat davon das Wasser in die nöthige Stärke zu bringen. Überhaupt wird man, schon wegen der Verdunstung im Sommer, ein Areometer zur Messung des Salz-Gehaltes nicht entbehren können. — In den südlichen Provinzen des Russischen Reiches macht man die Salz-Teiche, in denen man eine schwache Soole zuletzt zum Krystallisiren bringt, sehr einfach indem man ihnen Ränder von Lehm giebt, und diese einreisst, wenn die Soole aus einem Teiche in einen andern fliessen soll. Man hat aber den Vor-

theil, dass die Soole ursprünglich immer höher liegt.
Das Meerwasser liegt dagegen an sich schon tief, man
wird also die Austern-Parks noch tiefer graben müssen,
oder man wird das Meerwasser durch eine Pumpe
oder ein Schöpfrad heben müssen, was auch nicht
sehr schwierig oder kostbar ist, da es nur selten zu
geschehen braucht. Bewässert man doch auf diese
Weise in Astrachan alle Weingärten im Sommer täglich, wobei mehrere tausend Fuss Kanäle sich füllen.
Ernster noch ist die Schwierigkeit wegen der Eisbildung. Sicherlich würde man das Eis den ganzen
Winter hindurch nicht stehen lassen dürfen, schon
deswegen nicht, weil unter der Eisdecke das Wasser
zu sehr concentrirt würde. Wie oft die Eisdecke nothwendig zerstört werden müsste, würde erst die Erfahrung lehren können. Bis dahin würde man doch
gut thun, es wenigstens in jeder Woche im Winter
zu brechen. Aber wenn man auch von Zeit zu Zeit
das Eis durchbricht, bleibt doch der Übelstand, dass
das Wasser sehr erkalten würde. Leider wissen wir
noch nicht, welche Abkühlung des Wassers die Auster
noch aushalten kann. Dass sie vom Eise nicht erfasst
werden darf, ist sicher, aber da die Austern an der
Westküste von Schleswig sogar von der Kälte leiden
sollen, so ist zu fürchten, dass eine Temperatur,
welche nur wenige Grade über 0 steht, ihnen auch
verderblich ist. Das scheint mir der übelste Umstand
für eine Austern-Zucht in unsern Breiten. Ich wüsste
kein anderes Mittel zur Erwärmung des Austern-
Bassins vorzuschlagen, als dasselbe für den Winter
zu überdecken, das Dach wo es den Boden berührt
mit Dünger zu umhüllen und höher oben mit Stroh

dick zu belegen, welches bekanntlich die Kälte lange abhält. Bringt man dann noch eine Vorrichtung an, durch welche man die Überdachung oder den Boden unter derselben im Winter dann und wann durch Luftheizung erwärmt, so scheint es, dass man seine Pfleglinge vor dem Erfrieren wohl bewahren könnte. Eine Treibhaus-Wärme braucht man ja nicht. Die Überdachung würde noch den Schnee abhalten. Die Überdachung müsste aber im Sommer entfernt werden können, denn sobald man gegen starke Fröste gesichert ist, wäre sie nur hinderlich.

Aber würde man den Austern gehörige Nahrung geben können? Ich gestehe, dass mich diese Frage weniger beunruhigt, als die wegen der Einwirkung der Kälte. Auch in unsern Breiten ist die Production der Diatomaceen und Entomostraceen an flachen Stellen sehr stark. Für die Nahrung dieser Geschöpfe selbst würde sich eine Production von marinen und submarinen Vegetabilien wohl auch nach einigen Versuchen erzielen lassen. Die starke Fisch-Production des Peipus-Sees beruht zuletzt auf Diatomaceen und einer nicht zu berechnenden Menge von Entomostraceen, welche ihrer Seits wieder von den vegetabilischen Abfällen sich nähren, die die Flüsse zuführen. Von den flachen Stellen unserer See-Küsten gilt ungefähr dasselbe, nur dass hier auch eine grosse Menge von kleinen Krebschen (*Gammarus*) sich einfindet, die für die Austern aber eine zu massive Nahrung wären, also nur schädliche Kostgänger sein würden. Im Winter würde die Production der kleinen Organismen allerdings ziemlich aufhören. Allein eines Theiles können Thiere wie die Austern lange hungern, und

11

andern Theiles zweifle ich nicht, dass man bald die
Mittel finden würde, die Austern im Winter mit pul-
verisirten oder flüssigen organischen Stoffen künstlich
zu füttern. In den Französischen Parks soll man die
Austern mit den Abgängen aus den Schlachthöfen
mästen.

Kostspielig würde eine solche Unternehmung, besonders bei den ersten Versuchen, wohl sein, allein
wenn man für das Vergnügen Ananas und Aprikosen
zu speisen, bedeutende Summen verwendet, warum
nicht auch für Austern? Bei den bedeutenden Summen, welche für die letztern jährlich ausgegeben werden, könnte es auch wohl möglich sein, dass sich die
wahre künstliche Austern-Zucht gut bezahlt machte,
wenn man nur die erfolgreichste Art durch Versuche
kennen gelernt hat, denn, ich wiederhole zum Schlusse,
dass eine wirkliche künstliche Austern-Zucht, bei
welcher man für die Nahrung dieser Thiere sorgte,
und sie vor dem Einflusse des Winters schützte, noch
nirgends versucht ist, so viel man weiss.

Die passendste Gegend für einen solchen Versuch,
wenn man ihn in dem Russischen Antheile der Ostsee
machen will, scheint die Insel Ösel zu sein, weil hier
der Winter sehr viel milder sein wird, als in andern
Gegenden, und der Salz-Gehalt bei Libau nur unbedeutend grösser sein kann, als an der Westküste von Ösel.

Speciellere Vorschläge zu machen scheint überflüssig, da so viel von den speciellen Verhältnissen
der Localität abhängt, die gewählt würde. Nur eine
Bemerkung mag ich nicht unterdrücken. Man darf
nicht darauf rechnen, hier so viele Austern in ein
Bassin zu bringen, wie in den Austern-Parks in Frank-

reich, weil man bei uns zugleich die Brut und die halb-
wüchsigen Austern mehrere Jahre hindurch ernähren
müsste. Legt man aber für die jungen Austern besondere Parks an, so werden die Kosten dadurch sehr
vermehrt. Es wäre wohl eine interessante und, wie
ich glaube, würdige Unternehmung für einen reichen Mann, die ersten Versuche dieser Art zu machen. — Aber eine solche künstliche Austern-Zucht
möchte ich nicht als Mittel zur Hebung des National-
Reichthums empfehlen, wenn ich es auch nicht für
unmöglich halte, dass einzelne Personen, so bald erst
die besten Mittel erprobt sind, sich bereichern könnten. Dass auf solche Weise mit Kunst unterhaltene
Austern schlechter wären, als die im offenen Meere
natürlich aufwachsenden, ist nicht nothwendig.
Die Züchtung veredelt im Laufe der Zeit manches
Product des Thier- und Pflanzenreiches. Der Wein
aus wilden Trauben ist nirgends so gut als der aus
veredelten. Künstliche Mästung überbietet die natür-
liche Ernährung, und es wäre nicht unmöglich, dass
auch für die Austern die günstigste Behandlungs-Art
gefunden würde.

Ehemals kamen hierher fast nur Dänische Austern.
Seit Einführung der Dampfschifffahrt erhalten wir sie
auch aus England, Holland und Frankreich. Doch soll
die Quantität, welche nach St. Petersburg kommt, nicht
sehr gross sein. Man schätzt sie mit Einschluss derjenigen, welche über Reval ganz früh und ganz spät
im Jahre gebracht wird, auf 700 bis 750 Tonnen im
Jahre, die Tonne zu 1000 Stück. Sollte diese Schätzung
nicht zu gering sein?